U0155692

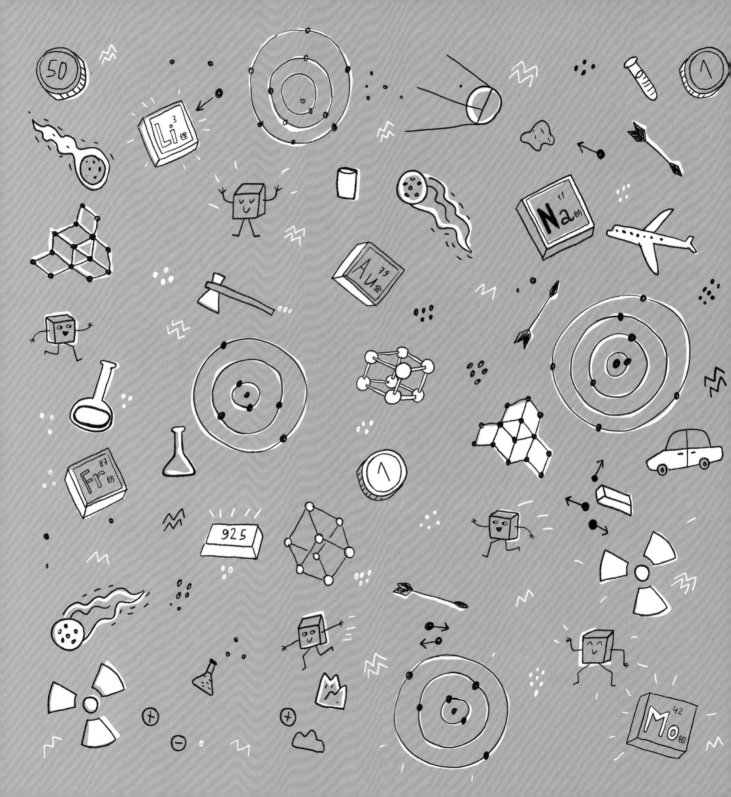

了不起的金属

金属如何塑造人类历史

[俄罗斯] 彼得·沃尔齐特 著　　[俄罗斯] 维多利亚·斯捷布廖娃 绘　　王梓 译

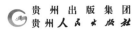
贵州出版集团
贵州人民出版社

Металлы: физика, химия, история
Written by Petr Voltsit
Illustrated by Victoria Stebleva
Пешком в историю ® (A Walk Through History Publishing House ®)
© ИП Каширская Е.В., 2021 (© Sole trader Ekaterina Kashirskaya, 2021)
The simplified Chinese translation rights arranged through Rightol Media（本书中文简体
版权经由锐拓传媒旗下小锐取得 Email:copyright@rightol.com）
Simplified Chinese edition copyright © 2023 United Sky (Beijing) New Media Co., Ltd.
All rights reserved.

贵州省版权局著作权合同登记号　图字：22-2023-089 号

图书在版编目（CIP）数据

了不起的金属：金属如何塑造人类历史 /（俄罗斯）
彼得·沃尔齐特著；（俄罗斯）维多利亚·斯捷布廖娃绘；
王梓译 . -- 贵阳：贵州人民出版社，2023.10
　　ISBN 978-7-221-17973-9

Ⅰ.①了… Ⅱ.①彼…②维…③王… Ⅲ.①金属—
青少年读物 Ⅳ.①TG14-49

中国国家版本馆 CIP 数据核字 (2023) 第 193673 号

LIAOBUQI DE JINSHU: JINSHU RUHE SUZAO RENLEI LISHI
了不起的金属：金属如何塑造人类历史

[俄罗斯] 彼得·沃尔齐特 / 著
[俄罗斯] 维多利亚·斯捷布廖娃 / 绘
王梓 / 译

出 版 人	朱文迅
选题策划	联合天际
策划编辑	韩 优　宫 璇
责任编辑	黄 伟
内文审校	孙亚飞
封面设计	史木春
美术编辑	梁全新
责任印制	赵路江

出　　版	贵州出版集团　贵州人民出版社
地　　址	贵州省贵阳市观山湖区会展东路 SOHO 公寓 A 座
发　　行	未读（天津）文化传媒有限公司
印　　刷	北京雅图新世纪印刷科技有限公司
版　　次	2023 年 10 月第 1 版
印　　次	2023 年 10 月第 1 次印刷
开　　本	889 毫米 ×1194 毫米 1/20
印　　张	7
字　　数	146 千
书　　号	ISBN 978-7-221-17973-9
定　　价	108.00 元

客服咨询

目录

前言
向金属致敬

设想在一个美妙的早晨，地球上的金属开始相继消失，如同上映了一场恐怖电影。你走进厨房想吃早饭，可茶壶和锅、勺子和叉子、炉子、水龙头和冰箱全都不见了。

快跑到外面去！房子也开始崩塌了——它的墙壁是靠着钢筋混凝土支撑的。电脑倒是不用操心，反正只剩一堆塑料零件。想抓起书来看看，可是书也没了，因为书上的文字和图片都是用金属模子印出来的。最好是读一读讲石器时代的书，那些知识会派上用场：没有了金属，汽车、火车、车床乃至普通的刀子和斧子全都不见了踪影。只好用石头重新开始制作各种工具。

不过，假如金属真的消失得一干二净，我们的行星也将不复存在：地核是由铁元素、镍元素组成的，于是那里只剩一个空洞。地核产生的地磁场也会消失，再也没法替我们抵挡宇宙辐射了。

认真来说，没了金属我们根本就活不了几秒钟。没有了钙，牙齿和骨头都会化为粉末；没有了铁，血液就无法再向身体各处输送氧气；没有了镁，植物就无法再释放氧气。

够了，已经够恐怖了！幸好世界上还有金属。我们很快还要放礼炮向它们致敬，而礼炮和焰火同样是金属的功劳。

或许你的志向并不是冶金学家或工程师，而是医生、生物学家、历史学家或画家。即便如此，你的工作同样离不开与金属相关的知识。著名的巴尔蒙克（传说中英雄齐格飞的宝剑）是用什么材料锻造的？为什么跑步后腿会发软？怎么让饱经岁月而变黑的画作恢复原状？海洋生态系统的生产力取决于什么因素？

在这本书中，我们要回答这些问题，以及许许多多其他的问题。不管在哪里，答案中最重要的部分都是金属！

第一章
什么是金属

　　话说回来，金属到底是什么呢？问题看着倒是简单：我们难道还分不清铁和玻璃、木头、塑料的区别吗？就比如说吧，所有的金属都闪闪发亮！可是，银光闪闪的玩具小车难道也是用金属做的吗？拍电影时用来斩杀恶龙的道具剑，不也是在太阳下闪着光吗？闪亮的糖纸又怎么说？

　　你大概会说，金属都是坚硬的。然而大洋洲的岛屿上有一种"铁木"，这种木头硬得可以代替钢铁，被当地人用来制作武器。

　　除了闪亮和坚硬，金属与其他物质还有什么不同？下面就让我们一起来思考和实验吧。

这些也是金属

金属都很重吗?

我们可以根据重量把金属玩具同"金属色"的塑料玩具区分开来:金属的重量比塑料大得多。或许"重量"就是金属的奥秘?

才不是呢!有些金属甚至比水还轻。把一小块这类金属投入水中,它不但不会沉下去,反而会浮在水面上。这些金属有**锂、钠**和**钾**。不过它们也不会在水上漂很久,很快就会伴随着"咝咝"声溶解在水里,变成了相应的强碱。由此可见,重量并不是金属与其他物质的主要区别。

能塑形的金属

铅很容易被锤子砸扁,钠和钾可以用小刀切开,**铯**和**铷**可以直接拿手揉(但要戴上手套,避免皮肤被烧伤)。**汞**在常温下就是液态,要到 -40 ℃才会凝固,但凝固后依然很柔软,容易塑形。这样看来,用硬度来鉴别金属也是不可靠的。

永远是液体

还有一种金属能在 30 ℃左右的常温下保持液态，那就是稀有的放射性金属——**钫**。为什么说"左右"呢？这是因为整个地球上的钫只有20—30 克，数量实在太少，无法用实验来确定它的熔点。

就算科学家成功获得了一块足够大的钫，它也会由于放射性而猛烈自燃，熔化的真正原因便不得而知了。

自然界中的钫是由其他放射性元素衰变产生的，这个过程一直在进行，但产生的钫在短短几分钟内就会衰变成其他元素。

冰激凌勺子

除了纯金属之外，一些金属的混合物（合金）也可以在常温下保持液态。有一种**镓铟锡合金**在 10.6 ℃下就会熔化！假如用这种合金做一把勺子，它看上去和普通的金属勺没什么两样，却只能用来吃冰激凌，而且还得在天气凉爽的时候使用。这个勺子必须保存在冰箱里，否则就会化成一摊银色的金属液，在桌面上四散流开。

我没乱拉！是钫熔化了！

9

纯镓制成的勺子不会在桌面上直接熔化，但它的熔点也只有 30 ℃多一点，放到温热的茶水里就会熔化。

导热和导电

如果你对电略有了解（起码要懂得不能往插座里捅铁丝或镊子），那你可能会说"导电"便是金属区别于其他物质的特点。不错，金属的这个特点确实有别于许多其他物质。并且金属的导热能力也很强——凡是用手抓过烧烫的平底锅的人，想必都很清楚这一点。我们似乎找到了金属与其他物质的真正区别，但可别忘了前面推翻的"金属都很硬"和"金属都很重"，二者乍一看也像是无须证明的事实。所以我们还是用两个实验来证明一下吧。

谁是真正的引导者？

当然是我啦！

实验 1 是不是导体？

实验目的 证明金属能导电。

需要的物品

■ 一个电路板玩具。

或者

■ 三段铜丝或导线。
■ 一个小灯（发光二极管）。
■ 几枚回形针或一卷胶带。
■ 几节小电池。

> 不建议用普通的白炽灯泡，而是用发光二极管——它只需极其微弱的电流就会发光，能让实验结果更加可靠。请别忘记，发光二极管只能让电流单向通过，装进电路时可别装反了！

实验准备

1 找到电路板玩具的断路处，取出带有小灯和两个自由接头的装置，往装置中放入电池（注意方向）。

或者

1 将两段导线连在电池的接头，用回形针或胶带固定住。

2 将发光二极管的一个接线柱连接在其中一段导线上（注意方向）。

3 将第三段导线连接在发光二极管的另一个接线柱上。

将导线两端贴在钉子或其他金属物件上，灯亮了吗？亮了就对了：装置准备好啦！万一灯没亮，就必须检查电池和发光二极管的方向是否正确，接头是否松动，电池是否老化。

怎么做

将导线两端贴在各种物品上，如平底锅、铝箔纸、糖纸、杯子、罐头等。不过在此之前，必须把接触的位置用湿纸巾清理干净并晾干：糖纸上如果粘有巧克力酱，就不会让小灯发光。观察小灯是否发光，并把实验结果记录在表格中：

物品	灯是否发光
银勺	是
木勺	否
盐水	
铜壶	
铝箔	
铁钉	
铜线	

结论 所有金属都能导电。水也能导电，特别是盐水。

实验 2　金属还能导什么？

实验目的 证明金属的导热性，找出哪种金属导热性能最好：是铜、铝，还是钢？

需要的物品

- 相同粗细的铜丝、铝丝和钢丝各一根。
- 一点蜡（或石蜡、硬脂等）。
- 15 枚带环的大头针（不能是塑料头的）。
- 一台电磁炉或一根蜡烛（请在大人的陪同下进行实验）。
- 一个杯子或其他支撑物。
- 秒表（手机里就有）。

实验准备

1 将蜡或石蜡熔化。

2 将一枚大头针的环蘸一点熔化的蜡，然后粘在距离铜丝末端 5 厘米的位置上。

3 用相同的方法处理所有大头针，每根金属丝上粘 5 枚，彼此相隔 2 厘米。所有大头针都必须朝向相同的方向。

4 将金属丝的一端悬在电磁炉或蜡烛上方，另一端固定在支撑物上，确保金属丝保持水平方向，大头针朝下吊着。

怎么做

启动秒表，打开电磁炉或点燃蜡烛。观察大头针是怎么随着蜡的熔化而掉落的，把观察结果记录在表格中：

金属丝的材料	铜	铝	钢
第一枚大头针掉落的时间			
第二枚大头针掉落的时间			
第三枚大头针掉落的时间			
第四枚大头针掉落的时间			
第五枚大头针掉落的时间			

12　**结论** 所有金属的导热性能都很好。在我们研究的三种金属中，导热性最好的是铜，其次是铝，最后是钢（铁合金）。

可锻性和光泽

综上可见，金属的两个主要特点是导电性强和导热性强。为什么要加个"强"呢？这是因为在极强的电压之下（如雷雨云里），就连空气都有可能被电流击穿——闪电就是这样来的！但在 220 V 的普通电压下（插座中），空气是不导电的，否则插座的两孔之间就会不断产生闪电了。

但金属的特点不限于此。所有金属都具有特殊的光泽，也就是所谓的"金属光泽"。金属是可锻的，在锤子的敲击下会改变形状，并且不会再恢复原形。对比一下橡皮球，它一戳就变形，但过后又会复原，仿佛什么都没发生过。而金属丝的末端被砸扁后就一直是扁的了。把金属丝放在一大块金属或石头上，用锤子敲击几下，就能证实这一点。

金属原子的构造

金属善于导电和导热，具有金属光泽和可锻性。其实，这种种性质都具有同一个原因！怎么样，惊奇吗？

原因在于金属原子的构造。所有物质的原子都由原子核和绕核旋转的电子组成。原子结合成分子时会通过电子相互"衔接"，氧分子、氮分子、水分子、糖分子、金刚石分子、聚乙烯分子等物质的分子都是这样形成的。非金属的原子把电子抓得很紧，因此原子间的连接非常牢固。世界上最坚硬的物质——金刚石就是靠着这种连接才得以存在的。

而金属原子抓住电子的能力就不怎么强了，还很乐意放它们去"散步"，与其他原子交换电子。因此，一块金属中的电子会在原子核之间自由自在地"漫游"，形成所谓的**电子气**。金属原子正是靠着这些"气"连接在一起的。

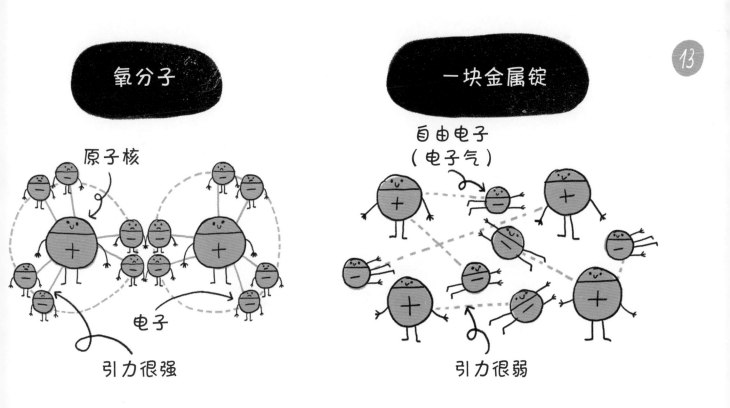

氧分子

原子核

电子

引力很强

一块金属锭

自由电子
（电子气）

引力很弱

地球的截面

地核

好大啊！

直径 2 400 千米的分子

据认为，金属都是由原子直接组成的，因此"分子"的概念通常不适用于金属。但我们也可以形象地说，一整块金属就是一个金属分子，因为其中的所有原子都是相互连接在一起的。许多原子连在一起，可不就是分子吗？！

一枚戒指是一个分子，一把斧头（木柄当然不算在内）是一个分子，一个金属浴盆还是一个分子。最大的金属分子是由**铁**和**镍**组成的固态地核。尽管这个分子的直径足足有 2 400 千米，但其中的所有原子都是通过同一片电子气连在一起的！

套着"长缰绳"

原子通过电子气相连形成的结构叫作金属键，这种连接也可能是非常坚固的。想想钢铁有多么坚硬！而它还不是最硬的金属呢。即使是"柔软"的**铝**和**铜**，实际上也异常坚固：试着扯一扯铜丝或铝丝就能体会到了。

与此同时，电子气还能让一块金属中的原子在保持连接的同时相向运动。冰块、砖块、玻璃或木头碰到这种情况就没救了：某一层错位就意味着材料碎裂。原子之间、分子之间的联系被破坏了，又不能自动修复：木

不行！我们是金属！

板、玻璃和砖块上的裂缝已经没法重新合起来了。金属原子就不怕这个问题，反正电子气能重新把原子牢牢地连在一起，就算两层错开又有什么关系呢？不管原子以怎样的顺序相连，这对一团"气"来说都是无关紧要的。这也是为什么金属具有可锻性——在锤子的敲击下会变形，却又保持完整而不至于碎成小块。

电子气现象还能很好地解释金属的导电性。我们知道，电流是电子的运动。只需用一段导线连接电池的两极，其中的电子就会立刻从"负极"朝着"正极"运动。而金刚石中的电子是无法这样移动的——金刚石原子用"短缰绳"牢牢地牵住了自己的电子。

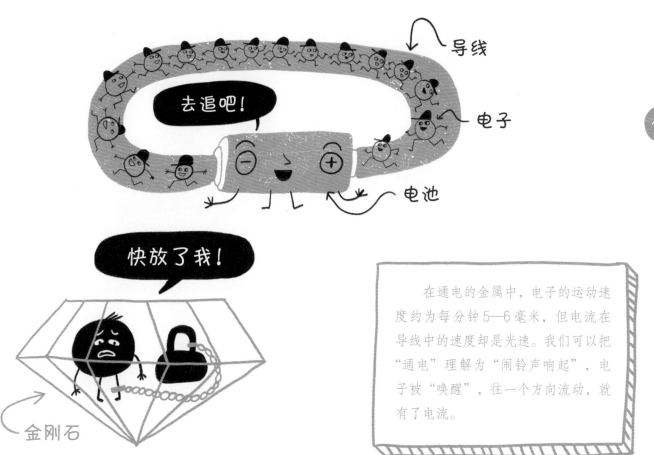

去追吧！

导线

电子

电池

快放了我！

金刚石

在通电的金属中，电子的运动速度约为每分钟5—6毫米，但电流在导线中的速度却是光速。我们可以把"通电"理解为"闹铃声响起"，电子被"唤醒"，往一个方向流动，就有了电流。

闪闪发亮！

金属闪亮的外表其实也是由电子气产生的。物体要闪闪发亮，就必须具备能反射大部分光线的能力。在凹凸不平的表面上，众多的凹凸处会困住光线，使亮度衰减，或把光线朝着各个方向散射开来。因此，天鹅绒或不平坦的地表是不可能闪光的，而平滑的玻璃或钻石就会闪闪发亮。但请注意：玻璃和钻石的光泽并不是金属光泽，而是以另一种方式形成的。

请回忆一下：钻石中的电子被紧紧地"拴在"它们的原子"主人"周围。因此，各个原子之间存在一些空荡荡的"小洞"。"小洞"当然只是一种形象的说法，实际上那里连一个最小的分子都挤不进去，所以钻石既不会进水也不会进空气。但是，光粒子是可以进入这些"小洞"的，这也就是为什么许多非金属材料都是透明无色的。

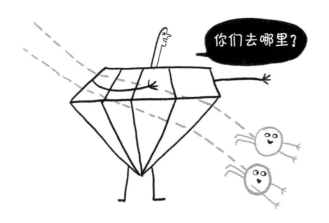

在金属中，原子之间的空间充满了电子气。光线碰到电子气便会被反射回来，进入我们的眼睛，我们就感受到了闪光。

熟悉各种材料的读者可能要反驳了：并不是所有金属都会闪闪发光啊。例如，铝锅就没什么光泽，铜屋顶也只是最开始会在阳光下闪耀，过了几年就渐渐变得暗淡了。

其实，这并不是因为铜或铝突然神奇地改变了性质，而是因为……它们已经不再是铜和铝了，至少表面部分已经变了。只要刮掉金属制品表层的锈，露出的纯金属又会像新的一样闪闪发亮。至于锈又是怎么回事，我们该如何对付它，这些问题将在本书第六章中讨论。

最新的金属

最新发现的金属叫作**镆**。但你在自然界中是见不到镆的，连 1 克都别想找到，其他新近发现的金属也是如此：它们都具有放射性，很快就会衰变成别的元素。镆的半衰期仅有 0.15 秒，也就是说，在 0.15 秒内就会有一半的镆原子发生衰变，下一个 0.15 秒内又会有一半的一半发生衰变，如此往复。不过，它也不会一直"如此往复"下去：人们在实验室里获得了约 100 个镆原子，但它们仅仅存在了几秒钟就衰变完了。

世上有多少种金属？

新元素就是新金属

世上有多少种金属？奇怪的是，这个问题科学无法给出准确的答案。物理学家不断发现新的元素，而它们通常都是金属，所以金属的数量也在不断增加。

目前已知的 118 种元素中，有 94 种是金属或半金属，只有 24 种是非金属。这样看来，我们的宇宙基本是一个"金属的宇宙"。

那么，这种金属到底有什么价值，又能在哪里派上用场呢？镆当然无法用来建房子或造飞机，但人工合成元素是一项重要的科学任务，能帮助我们理解其他物质的结构，从而学会更好地利用这些物质。

不仅如此，科学家还有这样一个推测：我们如果继续进行人造元素的合成，最终将会找到**"稳定岛"**，也就是衰变速度相对较慢的放射性元素。这些元素或许就能在实践中派上用场了。

把镅变成镆

科学家是怎么获得自然界中没有的新元素的呢？核物理学可以回答这个问题。每种元素原子的原子核中都具有特定数量的带正电的粒子（质子），并借此与其他元素区别开来。

铅原子有 82 个质子。假如你想把铅变成**铋**（83 个质子），就得往铅的原子核中再加一个质子。说起来简单，做起来却很难：原子核非常密实、稳定，不允许新的粒子进入。在合成新元素时，物理学家用加速器让粒子获得极高的速度，然后用这些粒子轰击目标原子。为

了获得镆原子（115 个质子），科学家以**镅**原子（95 个质子）为基础，用**钙**原子核（20 个质子）去轰击它。两个原子核高速相撞便会合二为一，形成有 115 个质子（95 + 20）的镆原子！

好耶！

钙

抓住啦！

镅

元素周期表

想知道某种元素的原子核里有多少个质子吗？其实很简单，只需看看它在元素周期表里的编号就行了（见本书第 126 页）。这张表上列出了迄今为止发现的全部元素。每个格子中标着对应元素的编号，这个编号就是原子核中的质子数，同时也是绕核旋转的电子的数量。

元素周期表通常还会用不同的颜色表示不同性质的元素（金属、非金属等）。此外，位于同一列的元素通常具有相似的性质，例如锶和钙就很相似（见本书第 123 页）。

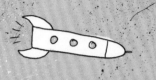

第二章
发现金属

如今人类已知的金属有 94 种，而古人只了解其中的 7 种。古代的锻冶匠只知道纯净的铜、金、银、铁、锡、铅和汞，此外还认识锑、锌、铋和砷的化合物。而原始时代的猎人只知道前 3 种金属，也就是铜、金和银。

贵金属三兄弟

哇，石头！

人类认识的第一种金属很可能是**金**。这绝不是因为原始人贪财——石器时代哪里来的什么钱财呢？原因很简单，纯粹是由于金不需要从矿石中熔炼出来，野外就有以自然矿形式存在的"现成"的金子。起初，原始人可能是在寻找制作斧子或砍刀的石头时发现了金矿石，便不禁好奇起来：这些不同寻常、闪闪发亮的黄石头是什么呢，能不能派上点用场？第一个发现自然金矿的人可能只是用普通的方式去加工它，也就是用另一块石头去打磨。结果这"黄石头"不但没碎，反而被砸扁了。他看到这一幕该是多么惊奇呀！

我们知道，所有金属都是可锻的，而金的可锻性更是首屈一指。它可以被锻造成（不是用两块石头去碾压，而是用锤子去敲）超薄的半透明金箔。这种金箔薄得没法用手拿，手指一碰就破了，因此工匠在处理金箔片时须用专门的小刷子将其固定住。但即使这么薄，金箔也保持着完整状态，不会碎成细细的粉末。

金是怎么成为金钱的？

金箔对原始人自然是没什么用的。他们需要的是斧子、刀子、鱼钩……遗憾呀，"金属之王"在这些方面完全派不上用场，它实在是太软了。金的可锻性强，易于加工，因此最早只是用来制作装饰品。后来又过了很久，随着贸易的发展，金才开始充当一般等价物，也就是货币。

几种物质的密度

铱：22.59 g/cm³
金：19.32 g/cm³
铅：11.34 g/cm³
银：10.5 g/cm³
铁：7.88 g/cm³
水：1 g/cm³
木：0.15—1.3 g/cm³

选择金作为货币并非偶然。金很漂亮，单是这一点便已价值不菲。金很罕见。金不容易坏：它不像铁一样会生锈，也不像铜一样会随着岁月流逝而失去光泽。金质量极重（密度大），在古人的了解范围内无疑是最重的金属，因此很难伪造：不管用什么材料去伪造，赝品都会比真品轻（密度小）。古希腊学者阿基米德便利用这一点，为叙拉古国王揭露了珠宝匠的骗局。这伙工匠声称他们做的王冠是纯金的，然而阿基米德先是称了王冠的重量，再测量了它的体积，据此计算出王冠的密度。这个密度比纯金的密度小——由此可见，这个王冠只有外层是金，里头换成了比较便宜且重量较轻的**银**，省下来的金子便被骗子给私吞了。

论"百无一用"的重要性

千百年来，金一直扮演着货币的角色，直到今天还部分保留着这种作用。这里面或许还有一个原因，那就是它本身……毫无用处。只要好好保存，粮食也能储存很长时间，就算熬不过几百年，放个几年还是不成问题的。但粮食可以吃，还可以播种，这就是它的价值所在，没了这种价值也就没有储存的意义了。铁不在外面风吹雨打就能用很久，但这样闲置着还有什么意义？铁可不就是用来制造工具和武器的吗！而金可以说是百无一用，于是它就成了货币，分到了这个给其他金属都很浪费的角色。

文明的基石

除了金以外，地球上也常能见到以自然矿形式存在的银和铜，其中有些还非常庞大：目前已知最大的一块自然铜矿足有 420 吨重！因此，原始人很快就认识了这两种金属。银大体上经历了与金相同的命运，而铜注定要在人类历史中扮演重要得多的角色。

如今，我们就算没有了铜大致也能生活。的确，铜线的导电能力很强，但用铝来代替也未尝不可。铜的导热能力也很强，可以用在电脑的散热系统（冷却器）里，但也有别的替代品。铜可以制造优质的水管和输气管，但这方面也能找到代替物。如果非要说有人没了铜就会大失所望，那大概就是爱吃果酱的人吧，据说最好的煮果酱容器正是铜制器皿。

可是，假如古人当年没有发现铜的话，人类文明或许就不会产生了，我们今天或许还在用着石斧，顶多用金、银华丽地装饰一下。这是因为，铜为青铜工具以及后来的铁制工具开辟了道路。

铜石并用时代

总之，发现了自然铜矿的原始人开始用加工金的方法去处理铜，很快就发现铜块容易被锻造成各种形状，想做成斧子也行，想做成箭头也行。的确，铜斧很容易变钝，不像石斧那么耐用，但石斧用钝或碎裂了就只能扔掉（这倒是后世考古学家的福音），铜斧却可以重新打磨，或者干脆重新锻造！金属的可锻性使得人们可以把几块金属合成一个整体，即使是碎裂的铜质工具，复原起来也不算很难。

那可不成！

瞧瞧这
新技术……

较早使用铜器的是安纳托利亚（位于今天的土耳其）的锻冶匠，时间大约是 8 000 年前。随后这种技术传到了邻近地区，如此传下去，到公元前 5000 年左右已经到达两河流域和印度。石器时代就这样过渡到了铜石并用时代，也叫红铜时代。

必须指出，铜器并没有立刻取代石器，二者并用约有 2 000 年之久。自然铜矿已经变得很少见了——那点储备不够所有人用呀！但到了公元前 4000—公元前 3000 年，石器时代便彻底成了历史。当时的人类已不限于使用自然铜矿，还学会了从其他铜矿石中熔炼出铜，而铜矿石就比自然铜矿常见得多了。

铜的熔炼

铜可以从"石头"中炼出来，这一发现很可能是纯粹的偶然。起初，人类是想用窑炉烧制陶器。假如窑炉中偶然混入了一小块铜矿石，那么在高温（1 000 ℃以上！）的作用下，矿石中的其他元素就会被除掉，只剩下一摊熔化的铜液。发现炉子里有一小块凝固的金属时，古人该是多么惊讶啊！等他明白了这是整个部落都非常需要的铜，又该是多么高兴啊！这一回，石器时代可算是到头了……但纯铜的胜利没能维持多久，因为它实在是太软了，所以很快就让位给了坚硬得多的青铜。

青铜才是
老大！

不不不！

青铜时代和铁器时代

硬度表

前面我们一直在说：金是软的，铁是硬的，金刚石还要更硬。那么，"硬度"到底是什么，用什么方法测量才更准确呢？

从物理学的角度看，硬度是物体承受其他物体打击时不受破坏的程度。小刀很容易刺进木头，留下划痕，而木块不管怎么戳铁块，都不可能在上面留下半点痕迹。由此可见，铁的硬度比木头大。

用这种方法可以编成硬度表。该表是 1811 年由德国矿物学家弗雷德里希·莫斯提出的。世界上最坚硬的物质是金刚石，在表中的数值是 10，而极其柔软的滑石的硬度是 1，剩下的主要矿物都排在这两个极值之间。金刚石可以在所有物质上留下划痕，硬度为 9 的刚玉可以在除金刚石以外的物质上留下划痕。石英（硬度 7）可以在许多矿物上留下划痕，但会被金刚石和刚玉划出痕迹，以此类推。

往硬度表中加入金属，便能得到下表：

莫氏硬度表
金刚石：10
钨：7.5
燧石：7
钢：5—8.5
纯铁：4.5
青铜：4
骨头：约 4
纯铜：3
金：2.5
银：2.5
锡：1.8
蜡：0.2

我的莫氏硬度是多少？

这样我们就明白了，为什么青铜能取代纯铜，后来又被铁所取代；为什么燧石工具能与金属工具并用那么久才退出历史舞台。

什么是青铜？

去元素周期表里找青铜是白费劲，根本就没有这种元素，因为青铜不是一种金属，而是两种金属——铜和锡——的合金。合金可以说是一种金属"溶解"在另一种金属中的产物，就好比糖浆是糖溶解在水里的产物。只不过合金与糖浆不同，它是固态的。

实是件好事，因为砷是一种毒性极强的物质，铜匠在熔炼时吸入砷蒸气便会中毒。或许正是出于这个缘故，古希腊神话才将火神和锻造之神赫菲斯托斯描绘成面目丑陋的瘸子。

最后，青铜（铜锡比约为 9∶1 的合金）成了古代世界的主要锻造材料。

铸钟用的青铜锡含量更高，最多可达四分之一。

话说回来，铜里面并不只能加锡，也有砷铜合金、铝铜合金、铅铜合金、锰铜合金等。并且人类最早使用的其实是砷铜，也就是铜和**砷**的合金。这种合金在各方面都很不错，只可惜无法进行重铸。砷会在熔炼的过程中逸散，使得成品变得很脆弱。砷铜矿的储备也渐渐耗尽了。这其

坚固的"锡钉"

这里有件怪事：铜的硬度是 3，锡的硬度只有可怜的 1.8。可以很合理地推测，这两种金属的混合物的硬度应该介于二者之间。然而，往柔软的铜里加入更软的锡反而会让前者变得更坚硬！

上述矛盾可以这样解释：合金中的金属并不是均匀地混合在一起的。在锡与铜结合的位置，原本整齐排列的铜原子之间插入了许多极小的锡粒。因此在锡含量很高的情况下，青铜就会变得很脆：锡粒把铜层弄碎了，就像一枚粗粗的钉子钉入木板后把木层弄碎一样。但是，如果锡的含量不高，锡粒便会妨碍铜原子层之间相互滑动，就好比木头上的节疤会妨碍原木的砍伐。也就是说，这种合金制品受击打时既不会弯曲也不会变钝——它变得非常坚硬。

锡把世界连在一起

铜矿还算比较常见，而锡矿就非常罕见了。不仅如此，同时存在铜矿石和锡矿石的矿山更是难找：如果某部落的领土内有铜矿，那就不太可能有锡矿，反之亦然。因此，为了制作铜锡合金，就必须进行国际贸易。英国西南部的康沃尔和法国北部的布列塔尼发现了锡矿（锡石）的矿床，古代商人便从那里将锡矿贩运到整个欧洲和地中海地区。后来，伊比利亚（西班牙）西北部也发现了锡矿。锡矿贸易推动了技术和知识（如文字）的传播，极大地加速了古代文明的发展进程。

最硬的青铜是锡含量 27%（略多于四分之一）的铜锡合金，但这种合金太脆了，因此实际上人们使用的是锡含量较低的青铜。

ΑΥΜΕΥΣΕ ΤΟΔΕΙΤ ΑΣΠΑ

青铜

在艰苦的青铜时代

古埃及人竟能用这么原始的铜质工具造出金字塔，这未免让现代人有点不敢相信。有些怀疑者会说："你拿铜凿凿下一小块石头试试，保准把你气得跳脚！"于是产生了一些理论，认为古埃及人要么是得到了外星人或神秘高等文明的帮助，要么就是用了魔法。

青铜时代

人类学会了熔炼青铜，红铜时代就变成了青铜时代。文字大约也是在这个时候发明的，因此青铜时代的大事件我们通过书面资料了解了不少。最早的古代文明——古代中国、苏美尔、米诺斯和古埃及等都在青铜时代发展到了相当的高度。

不错，古埃及的胡夫金字塔早在红铜时代末期就已建成：埃及工人用铜凿凿下庞大的石块，往铜管中填塞固态矿物在石头上打洞，用铜铲和铜锹修筑临时的土堤，再顺着土堤将石头拖上施工中的金字塔顶。但是，这些工具并非由纯铜制成，而是用一种更坚固的"半青铜"。这是因为当地的铜矿中掺杂着大量的砷，于是砷就有意无意地被带进了铜器里。

这与我们无关！

事实上，这纯粹是由于我们这些现代人被高科技惯坏了，没有足够的耐心。如果一个钻孔器没能在5秒内打出洞来，我们就会说它"处理不了"这种材料。而古埃及人可以花一整天去打一个小洞，不达目的就决不罢休——他们只是不懂得这太费时间罢了！

还要多久才能发明钻孔器啊？

当布林迪西还是大城市时

"青铜"（bronze）这个词在各种欧洲语言中的发音都很相似，它源自古罗马城市名布伦迪西（Brundisium），也就是今天的意大利小城布林迪西（Brindisi）。在古时候，这座城市是一个重要的大港口，以活跃的青铜贸易著称。当年布伦迪西的人口甚至比今天还要多：当年有10万人左右，而今天只有8.7万人。

天石

这样看来，从红铜时代过渡到青铜时代后，铜并没有失去价值，只不过它不再"单打独斗"，而是与伙伴锡一起发挥作用。青铜时代持续了约2 000年——这对有文字记载的人类历史而言可是一段很长的时间。然而，青铜时代最终还是走到了尽头。因为人类发现了一种更坚固的金属——**铁**。

必须指出，人类最早接触到的铁就是现成的铁。它并非自然矿，自然铁矿在地球上几乎是见不到的，但很多陨石的成分中都含有铁。陨石的外层烧焦了，形成一层厚厚的壳，里面的铁核可以保存很长时间。地表发现的最大的陨铁约有60吨重。根据科学家的估算，每年落到地球上的陨铁足有数百吨——这工作量可太大了，对吧？

斧子还是珠子？

每种新金属刚被发现时都非常稀罕，价格自然也很高——有时比金子还高呢！这往往会导致一种情况：某种大有前途的新材料并没有被制成武器或劳动工具，没能用在最能发挥作用的地方，而是被用来制作装饰品，或干脆被贪婪的统治者锁入宝库。不用铁锻造斧子，反而把铁打成珠子藏在箱子里——这听起来很蠢，但人并不总能按着理智行事。铁的情况如此，在铁之前的青铜和纯铜也是如此——新金属最早的样品基本都是装饰品。

古代铁匠最早学会加工的正是这种取自"天石"的铁。古人还为此编了许多流传至今的传说，赞颂陨铁和陨铁武器的优秀质量。这些传说或许还挺有道理，因为藏在陨石中的往往并非纯铁，而是铁和镍的合金——镍钢！时至今日，镍钢依然是一种很宝贵的材料，用于精密仪器制造、航天技术和其他高新技术领域。而在原始社会中，镍钢制成的武器可以说是无与伦比的。

需要一千六，九百也够用

天降的金属毕竟很稀少，还是得有地上的来源呀……从表面上看，这里的难点在于如何找到铁矿并好好地加热铁矿石。

什么叫"好好地"呢？铜的熔点为 1 083 ℃，青铜的熔点为 930 ℃—1 140 ℃（古代使用的自然是比较容易熔化的种类）。而铁要加热到 1 540 ℃才会开始熔化！即使是在窑炉中，要达到这个温度也绝非易事。古人究竟是怎么获得这种难以熔化的金属的呢？

其实，古人根本就没有把铁熔化！早期的制铁温度仅有 900 ℃—1 200 ℃，远远低于铁的熔点。要想了解这个"把戏"的奥秘，就必须简单研究一下什么是铁，什么是铁矿石，二者又是如何相互转换的。

一点化学知识

铁制品仅由铁原子组成（我们后面还会谈到杂质和添加物，但这里先不考虑），古人使用的沼铁矿则是铁原子与氧化合后的产物。化学中把这种化合物叫作氧化物。也就是说，沼铁矿是铁的氧化物。

要想获得纯铁，就必须除去铁矿石中的氧。为此古人会挖一些深坑，倒入磨成粉末的沼铁矿和木炭，然后点火灼烧。木炭熊熊燃烧，热量却积聚在坑里出不去，形成高温环境。在这种条件下，木炭的成分——碳便会"夺走"铁矿石中的氧，而无须将铁熔化。

等木炭烧透之后，坑里（后来改用专门配置的窑炉）就会剩下一团团无定形的多孔铁块，里面混杂着大量的煤渣，也就是未充分燃烧的木炭残渣、灰烬、剥落的黏土块等。这种铁叫作**熟铁**。

熟铁与煤渣

怎么除掉熟铁中的煤渣呢？今天的冶金厂会直接加大火力让铁熔化，把杂质全部清理掉。但古代的锻冶匠还没法制造出那么高的温度，所以他们用锤子多次锤打熟铁，把里面的所有杂质都"敲"出来，就好比我们把地毯铺在雪地上，再把上面的灰尘都拍掉。锻造熟铁并不是为了把它打成制品所需的形状（斧子、剑、犁），而是为了清除掉它本身的杂质。塑形则是收尾阶段的工作了。

经过锤打的熟铁叫作精炼铁，它的质量自然还不算好：不仅硬度不太够，还很容易生锈。换作是今天，这种铁大概只能用来制作便宜的铁钉，但当年的锡矿已经渐渐耗竭了，人类必须逐渐把青铜换成铁，哪怕是劣质的铁。

对于已经接触了化学的中学生读者，我们还可以补充一个小知识：碳并不只是将铁矿石中的氧"解放"出来，同时还将氧化态的铁"还原"出来，也就是把电子交还给了铁原子。

赫梯人的秘密

西方认为，最早学会用铁矿石（而不是陨石）炼铁的民族是赫梯人。赫梯人是公元前2000年生活在安纳托利亚（在今天的土耳其）的古代民族，赫梯国家的强盛在很大程度上便是由于掌握了炼铁技术，坚固的铁制武器帮助他们打败了还在用青铜剑盾的敌人。赫梯人非常清楚这种优势的重要性，便对炼铁的技术秘而不宣。他们向埃及法老赠送丰厚的礼物，其中也包括铁剑刃，但制作这种剑刃的技术是绝不外传的。

强盛的赫梯国家存在了约600年，在公元前1200年左右遭"海上民族"入侵而衰落。在周边地区的古代国家中，只有古埃及在"海上民族"的侵略中幸存了下来。学者们推测，亚该亚人攻占特洛伊的传说描写的便是这场恶战中的一个场景，只不过带上了神话的色彩。

从整体上看，"海上民族"的侵略使得赫梯文明陷落，但或许正是这场入侵推动炼铁技术传到了整个世界。赫梯人丧失了对炼铁技术的垄断，这项技术被亚述人学去，重建了摇摇欲坠的亚述帝国。古代的以色列人之所以能战胜腓力斯丁人（后者也属于"海上民族"），或许也是因为学会了用铁——在那之前他们只会用青铜武器，连续吃了许多败仗。

文明的衰亡导致商路断绝，进而引起贸易衰落和民族分裂。我们知道，没有贸易就很难获得制造青铜所需的锡。这也迫使人类放弃用铜，转而用铁。于是青铜时代就被铁器时代取代了——人类每掌握使用一种新的金属，就标志着一个新时代的开端。

在中欧和西欧的凯尔特人首领的墓葬中（时间为公元前5世纪以来），考古学家发现了一些被弯成圆形甚至螺旋形的剑。这当然不是说武器在最后一战中自己变成了这样，而是反映了一种破坏剑刃的仪式，是葬礼的一部分。不过也能看出，凯尔特人所了解的铁是多么柔软呀！

什么是钢？

铁只比青铜稍硬一点，又很容易生锈变钝，炼制起来也比较困难。于是学会用铁的民族开始寻找改良方法，钢就是这样发明出来的。青铜是铜和其他物质（不一定是金属）的合金，钢也同理，是以铁为基础的合金。历史上最早出现的钢是碳钢——铁和碳的混合物，它直到今天仍是钢的主要种类。铁里面的碳是怎么来的呢？正是来自灼烧铁矿石提取纯铁时所用的木炭。如果往炼铁炉里多放点木炭，多余的碳就不只是把铁还原出来了，还会部分地和铁"融合"。

我们把铁与少量碳的合金叫作钢，其中碳占的比例为 0.08%—2.14%。碳含量很少，但这点杂质也足以显著改变铁的性质：它让铁变得更坚硬，更重要的是让铁能够接受淬火了。

哟嚯！

纯铜和青铜无法淬火：不管冷却方式如何，最终产品的硬度都是一样的。要想对铁进行淬火，就必须先把它熔化，而古代的锻冶匠是不懂这种技术的。而钢可以通过淬火获得期望的硬度，甚至无须熔化，只需加热便可：猛烈地淬火，钢会变得很硬，稍微回火一下，又会变软一点。这就使得人们能制作出性质各不相同的产品。

36 钢的锻炼

有些人锻炼时会拿冷水浇在自己身上或跳进冰窟窿里，为的是增强机体的抵抗力。而钢的锻炼——**淬火**也是同样的道理：把加热到一定温度的钢扔进冷水里，会让它变得更坚硬。不过，经过淬火的钢会丧失强度，也就是变得更脆。如果强度比硬度更重要，就得重新把钢加热，然后再慢慢冷却：不是扔进水里，而是放在空气里自然降温。这种处理工艺叫作**回火**——就好比是铁匠让钢"回"去"散散心""放放松"，释放掉它内里的"火气"。

休息呢，还是锻炼呢？

磨去，这就形成了一个非常锋利的剑刃。为了防止钢被磨碎，须在未淬火的状态下进行打磨，把淬火放到最后一步。这样制成的剑中间是钢芯，两面包着富有弹性的铁层，因此兼具了锐利和坚固。也可以用另一种方法制作：中间一层铁，两面夹上钢。钢能"经受"打磨，而铁芯能缓解冲击，防止钢被打坏。

这种武器的最大缺点是重量——焊接出来的剑和斧子都非常沉重。解决这个问题的办法是……多加练习。没有充分的训练，战士很难挥舞沉重的焊接双手大剑，樵夫也很难用焊接斧去砍树。

焊接剑

淬过火的钢很坚固，同时也很脆弱，受到打击便会碎裂。这种钢修理起来很困难，有时甚至无法修复：磨刀石会把它磨碎。纯钢制成的剑不怎么耐用，较软的铁倒是容易打磨，却也很容易变钝，还很容易弯曲——等仗打到最后，铁剑已经不再是剑了，而是变成一个豁了许多口子的铁块。用铁斧去砍树更是项十分折磨人的工作。

这个问题的解决方法就是所谓的焊接武器或焊接工具。掌握了制铁技术的民族很快研究出了焊接技术——它是在公元前 3 世纪由凯尔特人发明的。具体做法是把一片钢的两面包上铁，然后用锻造法把它们连在一起。在打磨的时候，较软的外层铁比坚硬的内层钢更容易被

不只是剑

焊接技术是一个巨大的进步。焊接斧的砍树速度是石斧的 10 倍，而青铜斧只有石斧的 3 倍。随着铁的推广，圆木房屋的建造也成了可能——在此之前，要砍伐和加工够一整座房子用的圆木是一项难以完成的任务，极北地区的人们只得生活在地窖里。焊接工具在农耕发展中也发挥了重要的作用：只有焊接犁才能耕坚硬的黏土或多石土，以及森林被砍伐后开垦成的残留有树根的土地。焊接犁让农业传播到了森林地区，例如今天俄罗斯的许多地方。要是没有焊接犁的话，斯拉夫人就永远都是原始猎人和采集者了。

布拉特钢

公元前 1000 年初，东方人又发明了一种把铁的柔软和碳钢的坚硬结合起来的方法，那就是印度铁匠的精妙创造——布拉特钢[1]。做法是将小块纯铁与碳含量极高的钢片混在一起，但不管是在钢材的烧制还是武器的锻造过程中，这些钢片都不会完全与铁融为一体。布拉特钢保持着复杂的内部结构：柔软而富有弹性的铁粒外面裹着一层又脆又硬的钢壳，甚至是生铁外壳（生铁指的是铁与大量碳形成的合金）。从外观上看，这种复杂的结构体现为钢材表面的波浪纹。布拉特钢的制作技术复杂得不可思议。锻造时须注意防止熟铁过热，可当时还没有温度计，要怎么判断金属的确切温度呢？经验丰富的师傅可以通过钢材的颜色来目测，但这个方法只能在没有月光的夜里使用，因此用布拉特钢制成的剑刃非常稀有，也非常昂贵！

在印度之后，相邻地区的东方民族（特别是波斯人）也掌握了制造布拉特钢的技术。而欧洲人很久都不了解这个秘密——直到 19 世纪 40 年代初，俄罗斯冶金学家帕维尔·阿诺索夫才揭开了布拉特钢的奥秘，并开始在乌拉尔山的工厂中生产这种钢材。尽管如此，这种技术很快就过时了：人们发现了生产更优质的钢材的方法（见本书第 68 页）。

1　布拉特钢为俄罗斯人对乌兹钢的称呼，在俄罗斯人制造出一种接近于乌兹钢的材料后，布拉特钢也用于指代这种新材料。

得给他腾个地方！

优质的颗粒

布拉特钢的颗粒结构让钢材兼具了弹性和硬度，但它的作用还不限于此。想象一下布拉特钢剑刃在磨刀石上打磨的情景：柔软的铁粒很快就被磨掉了，成块的高碳钢则不会。这就在剑刃边缘形成了肉眼看不见的细小锯齿，让布拉特钢的剑刃不仅能砍杀，还能切开盔甲和衣服。

布拉特钢的发明造就了一种全新的武器——马刀。马刀和剑不同，它的主要作用不是砍，而是切；带有细齿的布拉特钢具有优秀的切割性能，用在这里真是再合适不过了。

大马士革钢

一种较为普及的技术是所谓的大马士革钢。这种钢材其实根本不是在大马士革发明的，叫这个名字纯粹是因为大马士革有一个很大的武器市场，以出售这种合金而知名。大马士革钢是焊接钢的一个变种：纯铁层和碳钢层交替重叠着锻造在一起，但层数并不是3，而是30，有时甚至能叠好几百层！这些铁层和钢层都非常薄，在锻造中有时会相互嵌入，导致铁粒和碳钢混在一起，和布拉特钢中的情况类似。在欧洲、近东和中国，大马士革钢都被用来制作刀剑。

在很长的时间里，布拉特钢都没能在欧洲推广开来，这是因为欧洲骑士身穿坚固的板甲，马刀对板甲是无能为力的，而重剑并不是非得用布拉特钢不可。

第三章
毒物、辐射与科学进步

　　人类不断发现越来越多的新金属，但这些发现对冶金工人和化学家未必安全，有时甚至可能对全人类造成威胁。不过，科学的发展并不会因此而止步，这其实也是好事：就算我们对金属一无所知，它们也不会变得更安全。本章要讲的就是人类为获取这些知识而付出的代价。

爱美的代价

除了金、银、铜、铁，古人还知道铅、锑（锑的性质介于金属和非金属之间，这里姑且算作金属）、锡和汞。纯净的锑很难获得，以前使用的主要是它的硫化物（与硫结合的产物），用途是……画眉毛和涂眼影。这种化妆术最早在古埃及使用，后来又传到了全世界——直到今天都还有地方在用！古俄罗斯的妇女也曾用锑画眉毛，俄语中的"锑"（surma）这个词是从土耳其语借来的，原本的含义就是画眉毛的粉末。爱美的代价或许是大了点，因为锑的毒性可是非常强的！

今天，锑的应用范围要比以前广得多了：它被用在半导体、电池和火柴头中，甚至被用作某些药物的成分。

幸好它很软

据认为，铅是人类最早学会熔炼的金属之一。它的熔点只有 327 ℃，有一小堆篝火就够了。但这种金属非常柔软，莫氏硬度只有 1.5 左右，要知道，连金都有 2.5 呢。铅究竟有什么用呢？

最初，铅只被用来制作装饰品。而在古罗马，铅就派上大用场了：那里每年都要生产多达 8 万吨的铅。后世直到 19 世纪末才重新达到了这个产量，而且是全世界的总产量。古罗马人主要用铅来制造输水管道。这种金属不易生锈，因此铅管可以用很久都不坏。而铅柔软的性质在这里反而更方便：压出一张铅板，卷一卷就成了一根管子，只需再做出接缝。对柔软的铅进行这个操作也很简单：把边缘折起来，将一处折起插入另一处，再用锤子把折痕敲紧就行了。换作是钢板就困难得多了。

幸运的是，古罗马工程师采用的水源是硬水，也就是富含钙盐的水。如果我们经常把硬水倒入烧水壶，水壶壁上就会形成一层厚厚的白色沉淀——水垢。如今硬水往往被人诟病，但在当年的铅制水管中反而成了救星：水垢层迅速覆盖了水管内壁，将铅和水隔绝开来。然而，古罗马人用的器皿也是铅的，这就让他们摄入了大量的铅。这或许并非罗马帝国衰亡的主因，但很有可能也起到了火上浇油的作用。

罗马的衰亡

有些学者认为，铅制水管可能是罗马衰亡的原因之一。这是因为铅和其他重金属一样，具有非常可怕的毒性。微量的铅进入水管，日积月累对城市居民造成了毒害。

必须承认，细心的罗马人可能也怀疑过铅对人体有害无益，因为只需观察一下在铅矿山采矿的奴隶就知道了。自然学家老普林尼[1]和医生盖伦[2]都写过罗马妇女最喜爱的一种化妆品——铅粉，并指出它有很强的毒性。

1　盖乌斯·普林尼·塞孔都斯，常称为老普林尼或大普林尼，古罗马作家、博物学者、自然哲学家、军人、政治家，以《自然史》（一译《博物志》）一书名留后世。——编者注（本书脚注皆为编者注，后文不再赘述）
2　克劳迪亚斯·盖伦，古罗马医学家、哲学家，主要作品有《气质》《本能》《关于自然科学的三篇论文》。

听着很好吃!

用汞提纯

汞可以用来提纯其他金属，例如金和银。设想你有一块矿石，里面含有细小的金粒。要怎么把它们分离出来呢？古希腊人发现，金和银都易溶于汞，就像糖和盐易溶于水一样。

磨碎含金矿石并与汞混合，让金溶于汞，再让矿石的残渣沉淀下来，倒出形成的溶液。用这种方法获得的溶液叫作汞齐，指的是任意一种金属溶解在汞中形成的溶液（或汞溶解在其他金属中的产物——二者能以任意比例互溶）。在常见的金属中，只有铁是不溶于汞的，因此盛放汞液只能用铁容器。要是把汞放到铜器里，它就会溶解掉容器壁；汞流掉了，容器也坏了。

从汞齐中分离出贵金属就不难了：只需像晒盐一样把汞蒸发掉，剩下的就是纯金了。如果再把汞蒸气冷凝收集起来，就可以多次重复利用。

44

"龙血"

汞也是古人了解的一种金属。最初被发现的是汞的自然矿。当然不是块状矿物——汞在常温下是液态，自然汞矿是藏在固态矿石中的液珠。汞和金、银一样属于惰性金属，可以在空气中保持很长时间不生锈。

尽管如此，汞的主要来源并不是自然矿，而是汞和硫的化合物——辰砂。这种矿石的颜色宛如鲜血，它的英文名称 cinnabar 据认为来自古波斯语，意思是"龙血"。磨碎的辰砂可以用来制作红色颜料。要想获得纯净的汞，需要将辰砂加热，再将汞蒸气冷凝收集。

危险，有毒！

糟糕的是，汞具有极强的毒性，汞蒸气的毒性尤其强烈——吞下汞都没有吸入汞那么危险。因此，处理汞的工匠容易生病和早逝，在矿山中开采辰砂的奴隶往往也活不长。

如今，我们在使用汞时会采取各种安全措施，尽可能避免汞蒸气进入空气。尽管如此，汞的生产对健康的害处还是很大的。

读者朋友，我希望你已经了解了汞的危险，知道打碎了水银温度计要及时告诉家长。可以用对折的纸把洒落的汞收集起来（不能直接用手碰），倒进玻璃瓶里，灌满水并牢牢塞上瓶塞，防止汞蒸发。绝对不能用铝箔或金属粉去收集洒落的汞！然后要好好地给房间通风，家

里人去户外避一下。收集起来的汞最好是送去重新加工。万一汞流进小缝弄不出来，专家建议先往里面倒一些漂白粉和高锰酸钾。漂白粉中的氯会在汞的表面形成一层薄薄的氯化物，好歹能暂时防止汞蒸发。但这层氯化物很薄，也很容易破，最后还是得叫专业人士来彻底清除残留的汞。

永别了，汞！

用不着害怕新买的温度计里的金属。如今水银温度计正在逐渐退出历史舞台，商家采用了一种替代品——镓铟锡合金。这种合金由 68.5% 的镓、21.5% 的铟和 10% 的锡组成，熔点比汞高一点，为 −19 ℃，因此镓铟锡温度计不能在严寒中使用。但在大多数情况下，低毒的镓铟锡合金都能完美取代剧毒的汞。

汞为考古学家服务

很长时间以来，汞对人体的危害都没能得到重视，曾有大量的汞和汞化合物被用于医疗。1806 年，美国开拓者刘易斯和克拉克首次从陆上横穿北美大陆[1]，他们队里的医生让病人服用了大量的甘汞——一种含汞的泻药。幸好这种药效力强劲，很快就从人体中排出，未能造成严重的损害。现代的美国考古学家调查了刘易斯和克拉克考察队的驻地遗址，发现土壤中的汞含量非常高，换作现代医生来开药，恐怕要被如此大剂量的汞吓得毛发倒竖了。

---

1 指 1804 年—1806 年的刘易斯与克拉克远征，这是美国国内首次横越美洲大陆西抵太平洋沿岸的往返考察活动。领队为美国陆军的梅里韦瑟·刘易斯上尉和威廉·克拉克少尉。

这两种金属的提纯之所以困难，可能是因为它们的矿石在自然界中几乎不会单独存在，而总是与其他金属矿混在一起。因此，从矿石中提取钴和锌时还得除去其他成分，这就比一般的熔炼困难得多了。

新的突破

古罗马文明衰亡之后便是中世纪，那个时代没有发现新的金属。中世纪的炼金术士提炼出了纯净的砷，也就是被古人加进铜里制成砷铜的那个砷。在文艺复兴时期，人类已知的金属中又新增了铋。铋的使用远在文艺复兴之前，但一直被当成银、铅或锡的一个变种。直到 1753 年，化学家才最终确认这是一种独立的金属。

大约也是在这个时期，西方人提炼出了纯净的**钴**（1739 年）和**锌**（1746 年）[1]。不过这两种金属早已得到应用：古埃及人用钴盐染料把玻璃染成蓝色，今天我们也还在使用含钴的器皿。锌和铜的合金叫作黄铜，是古希腊人非常熟悉的一种材料。

要怎么把你分离出来啊？

47

---

1 锌的提炼实际年份不详，目前已知最早的关于锌的记录出现在印度，早至公元 4 世纪；即使按照实物遗迹，也可以追溯到 13 世纪前。中国对锌的冶炼大约起源于五代时期，并且在明朝时，锌已经作为一种商品在国际贸易中流通，重庆、湖南等地都可以找到明代炼锌的遗址，《天工开物》中也有相关记载，且中国人已认识到它是一种有别于其他金属（特别是铅）的金属，称其为"倭铅"。此处的 1746 年指西方人首次制取锌的时间。

科学发现的浪潮

到了启蒙时代，科学开始高歌猛进。从 18 世纪开始，化学家每隔几年就会发现一种新的金属，19 世纪的工程师则在蓬勃发展的工业中为新金属找到了应用渠道。以 1774 年发现的**锰**为例，它在 1882 年被用于著名的"哈德菲尔德钢"——一种由铁、锰、碳和硅组成的耐磨高硬度合金。1783 年首次提纯的**钨**在 1868 年被加入钢材，形成的钨钢俗称**"马希特自硬钢"**，以纪念其发明者、冶金学家罗伯特·弗罗斯特·马希特[1]。

钨钢是一种工具钢，用它制成的工具可以轻易切开非常坚硬的材料。为什么叫作自硬钢呢？这是因为它只需在空气中自然冷却就会变硬。不仅如此，要是在工作过程中受了热，这种钢不但不会变软，反而会稍微变硬一点。

比金子还贵的铝

不过，近代发现的某些金属起初并没有进入工厂，而是像远古时代一样进了王宫。铝的情况便是如此：它最初发现于 1825 年，随后约有半个世纪，其价格都居高不下——这是因为铝的制取非常困难（原因请参见本书第 70 页）。如今的铝锅可以说是最便宜的炊具，而 19 世纪

1　英国冶金学家罗伯特·弗罗斯特·马希特对高炉研究颇有贡献，他认为贝塞麦钢脆断的原因是含有硫和磷，提出在铁水中加镜铁（含锰 30% 以下的锰铁）以除硫，使贝塞麦法得以广泛应用。

欧洲各国君王定做的铝扣和铝勺比金子还要贵呢，有时甚至会用铝制作近卫军的胸甲。法国皇帝拿破仑三世（1852 年—1870 年在位）曾有一次大宴宾客，宴会上皇帝和亲信用的是铝制餐具，而宾客的餐具就要朴素些了——"只不过"是金、银制成的而已。当时的铝完全不够用。1889 年，著名化学家德米特里·门捷列夫收到了一份珍贵的纪念礼物——一台用金和铝制成的天平。

然而不管是什么金属，最后总能找到量产的方法，于是铝的价格一落千丈，那些买了几锭铝想着晚年衣食无忧的人，顿时落得一无所有。1854 年，1 千克铝的价格是 1 200 卢布，到了 19 世纪末仅值 1 卢布。这些金属被从王宫送到工厂，开始对人类的事业做出贡献。

是铀？不是铀？

随着新金属不断被发现，人类突然碰到了一类神奇却又危险的放射性元素。严格来说，并非所有放射性元素都是金属。不仅如此，后来又发现包括氧和碳在内的任何元素都具有放射性同位素。尽管如此，放射性的发现与金属是分不开的。

事情要从当年说起……

早在 18 世纪末，德国化学家马丁·海因里希·克拉普罗特[1]就对一种有沥青光泽的矿石产生了兴趣。这是一种在矿山挖出的废石堆中经常能见到的矿物，矿工们仿佛感觉到了它很危险，总是急急忙忙地处理掉这些很像沥青的废石。或许他们不只是"感觉"，而是注意到了这种矿物往往会导致疾病和早逝。

49

1　马丁·海因里希·克拉普罗特，普鲁士王国化学家，铀（1789 年）、锆（1787 年）、钛（1795 年）、铈（1803 年）等元素的发现者。

现在我们知道这种矿物其实是沥青铀矿。1789 年，克拉普罗特从这种矿石中分离出了一种类似金属的黑色物质。他以为这是一种新的金属，便把它命名为"铀"（Uranium），以纪念不久前发现的新行星**天王星**（Uranus）。当时的天文学界正在争论：是把新行星命名为"天王星"，以纪念罗马神话中的天神乌拉诺斯（Uranus），还是命名为"乔治星"，以纪念在位的英王乔治三世？而克拉普罗特给新元素取这个名字，正是为了支持天王星一派。这就形成了用行星命名新元素的传统。后来这位克拉普罗特又发现了一种金属，便将其命名为"钛"（Titanium），以纪念土星的卫星土卫六（又称泰坦，Titan）。

然而后来研究发现，克拉普罗特当时获得的物质其实不是纯铀，而是铀的氧化物。直到

我再也藏不住对你的感情啦！

1840 年，法国化学家欧仁·佩利戈才提取出了纯净的铀——原来它是铁灰色的。

金属与照片

现在我们暂时离开铀的话题，重新回到熟悉的银上来。说是熟悉，其实也不尽然。18 世纪 70 年代，瑞典化学家卡尔·威尔海姆·舍勒[1]

真是大不敬！

乔治三世

---
1 氧气的发现人之一，同时对氯化氢、一氧化碳、二氧化碳、二氧化氮等多种气体都有深入的研究。

发现银具有一种神奇的新性质。确切来说，这里指的是银与氯的化合物——氯化银。这种物质具有感光性，也就是会在光的作用下重新变成纯银。于是各国学者相继开始进行实验，想要找到一种利用银盐成像（也就是照相）的方法。将微小的氯化银晶体与明胶混合，再将混合物涂在薄板上。把这种薄板放进**暗箱**，上面就会显现出图像：在受到光照的位置，沉淀下来的银会变成黑色，而在没有光照的位置，氯化银没有分解，依然是白色的。

后来，照相的方法逐渐完善，照片变得越来越优质、漂亮、清晰，又沉又脆的底板被便利的盒式胶卷所取代。但照相术的基础并没有改变，依然是让银在光照下沉淀出黑色的颗粒。

照相术和铀又有什么关系呢？原来啊……

暗箱是一个封闭的箱子，前壁开有一个小孔，光透过小孔在暗箱后壁形成像。在小孔上插一个透镜，就能获得非常清晰的图像。所有的照相机（包括现代照相机）以及我们的眼睛的结构原理都是暗箱原理。

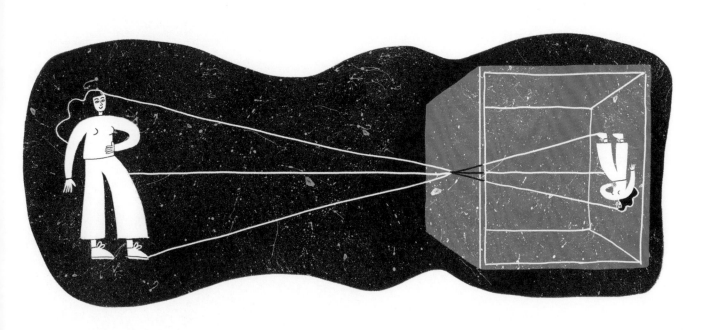

放射性的发现

早在 19 世纪初，人们就注意到了铀与光的特殊关系。铀盐的溶液具有荧光性，也就是会发光。1857 年，法国摄影师兼发明家阿贝尔·尼埃普斯·德·圣－维克托[1]发现，铀和铀的化合物能像阳光一样让银盐形成沉淀。于是他推测，铀会发出某种人眼看不到的光线。这其实就是发现了放射性！然而，科学家们一直没有关注铀的这种特殊性质。直到 1896 年，法国物理学家亨利·贝克勒尔[2]在准备一次实验时，偶然地将胶卷放在了一小块铀盐旁边。

1　阿贝尔·尼埃普斯·德·圣-维克托在摄影历史上颇有贡献。1847 年，他在法国发表了一种使用玻璃底版的技术，使得摄影清晰度大大提升，同时简化了化学处理流程。
2　因发现天然放射性现象而与居里夫妇一同获得 1903 年诺贝尔物理学奖。放射性的国际单位制单位贝克勒尔 (Bq) 就是以他的名字命名的。

不透明的外包装完全没有打开过，但当他打算开始实验并展开胶卷时，却发现里面的胶卷已经曝光了。贝克勒尔本可以直接扔掉曝光的胶卷并换成新的，但他决定搞清楚这是怎么回事。结果发现，铀和铀的化合物在任何条件下都会发出肉眼看不见的光线。"光线"在拉丁语中拼作 radius，于是他把这种物质称为**"放射性的"**（radioactivus），也就是"能放出光线的"。这样一来，铀的放射性就被重新发现了。

化学家和物理学家开始争先恐后地寻找新的放射性元素。结果很快就找到了！ 1898 年，居里夫妇（玛丽·居里和皮埃尔·居里）发现了**镭**和**钋**，同年又发现人们早已熟知的**钍**也具有放射性。

休假？不，我不休假！

一克镭，四年功

说起"镭的发现"，我们难免会想到手拿一小块银色金属的科学家。其实居里夫妇发现镭是更早的事，在那之后又过了很久，他们才真正把镭拿到了手上。

起初，他们只知道沥青铀矿中除了铀还含有其他元素。这是因为把铀提取出来后的残余物依然具有放射性，而且比纯铀的放射性要强得多，可见这不会是残留的铀，至少还有一种放射性远在铀之上的金属。

居里夫妇很快就用实验证明，这里实际上有两种金属。他们把其中一种命名为"镭"（Radium，在拉丁语中的意思是"发光的"），另一种命名为"钋"（Polonium，来自居里夫人的祖国——波兰的拉丁文名称）。然而，根据放射性推测新金属的存在是一回事，把新金属拿到手里就是另一回事了。居里夫妇便着手从铀矿中提取镭。

镭并不是一种稀有的元素，仅在距地表 1.6 千米的深度以内就有约 1 800 万吨——这可不是钋的区区 20—30 克。但镭不会形成矿床和矿石，就算曾有过镭矿石，其中的镭也早就衰变成了铅。这是因为镭最"长寿"的同位素的半衰期也只有 1 600 年，自然界中的铀会不断衰变成镭，但铀的衰变速度很慢，而镭的很快，因此 1 吨铀矿石中只有 0.1 克镭。

在四年的时间里，居里夫人处理了好几吨沥青铀矿：先用酸溶解矿石，然后沉淀并过滤，最后终于获得了足够多的氯化镭。她因为这项科学贡献被授予诺贝尔化学奖。这是她获得的第二个诺贝尔奖，第一个是物理学奖，由居里夫妇和亨利·贝克勒尔共同获得，以表彰三人发现放射性的功绩。

更多关于居里夫人的故事见本书第 60 页。

53

人工合成的元素

铀、钍、镭、钋等放射性元素是存在于地壳中的天然元素，是科学家从矿物（主要还是沥青铀矿）中提取出来的。1913 年，人类发现了最后一种"天然"元素——**镤**。在那之后是一段长长的空白，没有发现任何新元素。直到 1940 年，金属家族才增添了两位新成员——**镎**和**钚**，但它们是人类利用核反应堆或加速器有意识、有目的地制造出来的元素。

这就开启了持续至今的第二轮竞赛：谁能合成出下一种人造元素？前面说过，最新合成的金属是镄。尽管在镄之后又发现了砹和氮，但它们并不是金属。

为什么要制取镭？

首先，提纯的镭（氯化镭也没关系，重点是不能有其他金属杂质）可以用来精确地测量其相对原子质量。其次，在提纯镭的过程中，科学家们还有了许多新的发现。举个例子，他们发现了感生放射性：受到铀的辐射的其他元素也获得了放射性。他们发现，高浓度的镭盐溶液会在黑暗中发光。皮埃尔·居里还发现镭衰变时会发热，也就是释放大量的能量。这可是建造核电站的第一步！同时也是制造原子弹的第一步。

不错，最早发现放射性的科学家很快就注意到了这种危险。早在 1902 年，贝克勒尔就曾把装镭盐的试管放在背心口袋里，结果发现自己身上出现了溃疡。你猜猜看：皮埃尔·居里得知此事后是怎么做的呢？他先是随身携带具有放射性的试管 10 个小时，让辐射在身上造成严重的溃疡，然后在随后几个月里饶有兴趣地观察溃疡是怎么愈合的。这听着实在离谱，但之后的科学家处理放射性矿物时依然不怎么重视防护，其中许多人便不幸死于辐射病。明知辐射对身体有毁灭性的影响，为什么 20 世纪初的科学家还这么轻视它的危害呢？真是个不解之谜！

55

哎呀，溃疡！

如今，每个中学生都知道放射性元素具有致命的危险性，也懂得绝对不能与它们接触。但这个经验教训自然不是立刻总结出来的。就连那些厌恶沥青铀矿的德国矿工，也解释不了这种厌恶的由来。

放射性金属的另一种应用是治疗癌症。不错，辐射确实会杀死活细胞，但最先死亡的是癌细胞，因此可以挑选合适的辐射剂量，使得癌细胞刚好被杀死，而健康的细胞又不被破坏。

放射性金属有什么用？

既然放射性金属这么危险，那为什么还要去研究甚至是制取它们呢？只能"存活"一秒不到的人造元素确实只有科学上的价值，但更"长寿"的元素就能在现实中找到用武之地了。一般来说，放射性元素的金属特性是没有用的，它们的价值恰好在于衰变的能力。

放射性材料可以充当发电的"燃料"，而且还不只是在核电站的大型反应堆里。许多元素（如钚、钋、镭、锔等）可以用在非常小的电源里。月球车行驶的能源就来自这种"核电池"，"旅行者号"太空探测器、自动气象站以及北极的灯塔也都是靠这些元素来"补充能量"的。

防辐射的铀

不过，这方面最让人意想不到的应用是铀的一种同位素——铀238（原子质量为238）。它的作用是……防辐射！这种同位素的衰变速度非常缓慢，半衰期超过40亿年，因此它本身的辐射微乎其微，而沉重的铀原子可以有效阻挡放射性更强的元素的辐射。原子核越重，就越能吸收危险的辐射。因此，铀的防护效果比质量较轻的铅更强。

单纯作为金属的铀238也能派上用场。它既坚硬且牢固，可以用作合金的添加物，用来制造坦克装甲和防弹背心，或者反过来用作穿甲弹的材料。

稀土元素

有一大类"新"的金属叫作**稀土元素**。所谓的"土"，是18世纪至19世纪初的化学家对不溶于水的金属氧化物（矿石）的称呼。的确，地壳中非金属元素硅的氧化物含量最高，但金属氧化物在地球上的占比仍然可观。这些"土"包括矿工、冶金工人和化学家都经常接触的铁矿、铜矿等众所周知的金属矿物。然而在1787年，瑞典地质学家兼化学家卡尔·阿克塞尔·阿伦尼乌斯[1]在斯德哥尔摩附近的伊特比村一带发现了一种新矿物。这种新矿物后被送到化学家约翰·加多林的实验室进行研究，由此得名"加多林矿"。

加多林发现，新矿物中含有一种特别的"土"，也就是某种未知金属的氧化物。后来，伟大的瑞典化学家琼斯·雅可比·贝采里乌斯[2]

发现，加多林矿中足足有两种新金属。再往后又有一位瑞典科学家叫卡尔·古斯塔夫·莫桑德[3]，他从加多林矿中提取出来的"土"竟多达6种，也就是6种不同的元素。但这还没到头呢：莫桑德还提取出了新元素Didymium，再之后的科学家又发现它其实是一种钕镨混合物，从中还可以分出好几种氧化物。到了1907年，化学家已经提取出了16种元素，它们被命名为"稀土元素"——这是因为含有这些元素的"土"比较稀少。其中有4种元素的命名是为了纪念它们的发现地伊特比村（Ytterby）：**钇**（Yttrium）、**镱**（Ytterbium）、**铽**（Terbium）、**铒**（Erbium）。

3　瑞典化学家，在1839年发现了化学元素镧。

57

说不定能挖到稀罕的宝贝呢！

1　他是一位瑞典军官，同时也是一位业余地质学家和化学家。他最为人所知的贡献是在1787年发现了加多林矿，迈出了人类发现稀土元素的第一步。

2　现代化学命名体系的建立者，硅、硒、钍和铈元素的发现者，提出了催化等概念，被称为"有机化学之父"。

"土磁铁"

稀土元素具有一些有用的特殊性质，为此人们像淘金一样采集着稀土元素。你可能听说过钕磁铁，这种磁铁由铁、稀土金属**钕**和非金属硼组成，磁力比普通的磁铁强得多。另一种磁力与之相当的磁铁是钐钴磁铁。

氧化铈是汽车催化剂的主要成分。要是没有这些催化剂，汽车尾气中的有害物质（一氧化碳、一氧化氮等）就会多得多了。氧化铈催化剂能把它们变成无害的二氧化碳和氮气。

不是稀少，而是稀散

事实上，稀土元素并没有那么稀少，其中许多种元素的分布范围比铅还要广，**铈**在地壳中的含量甚至和铜差不多。然而，稀土元素与铜、铅或铁都不同，它们从来不会形成富矿，而是均匀地分布在整个地壳里。哪怕是在那些"富含稀土元素"的矿床，稀土元素也只以杂质的形式存在，只不过那里的稀土杂质比其他地方稍多一点罢了。

不仅如此，稀土元素从不单独出现，而总是"成群结队"，就像加多林矿中的"六兄弟"一样。这是因为所有稀土元素的化学性质都非常相似，物理性质也有部分相似。这就意味着，当岩浆冷却或溶液形成沉淀时，其中的稀土元素会聚集成一块"集体"结晶。

你怎么晕船啦？
我们这里可是稳得很哪！

表的中间，后面还有 21 种原子核更重的元素，它们都有稳定的同位素。能否在不稳定的超重元素当中找到"稳定岛"呢？目前还不清楚。而"不稳定岛"已经找到了，钷就是一个例子。此外还有另一个更出人意料的"不稳定岛"，那就是锝。去元素周期表里查查它的位置，你就明白为什么说它"出人意料"了。

"锝"（Technetium）的名称反映了它的发现史：它是利用科技（technology）获"得"的产物，而不是源于自然界的元素。

不稳定岛

到 1907 年为止，人类知道的稀土元素有 16 种，而最后一种稀土元素——钷是在 1945 年发现的。其实也不是发现，而是人工合成：钷具有放射性，而且衰变速度非常快，半衰期只有 18 年。因此它在地壳中的含量只比钫稍多一点，科学家也无法把它从天然矿物中分离出来。

钷的放射性其实很古怪。放射性元素都很重，排在元素周期表的最末，而钷的位置靠近

快来找
我们呀！

我看透你了

除了放射性物质放出的 α 射线、β 射线和 γ 射线，还有一种射线叫作 X 射线（伦琴射线）。它的发现者和研究者是德国物理学家威廉·康拉德·伦琴[1]。

第一次世界大战期间，X 射线开始在战地医院使用。这种看不见的光线能穿透身体的软组织，却会被骨骼和金属物体挡住，这有助于探查骨折以及留在伤者体内的子弹和碎片。当年居里夫人费了很大的功夫才把这种新技术推广开来，而今天的我们在最普通的医院里就能拍到 X 光片了！

X 光片的原理是什么呢？X 射线可以轻易地从轻元素（排在元素周期表顶上的元素）的原子之间穿过，却会被重原子阻挡。在 X 射线面前，锂、钠等轻金属甚至比碳、氧、硫等非金属还要"透明"。

1　威廉·康拉德·伦琴是一位杰出的物理学家，他在 1895 年 11 月 8 日发现了 X 射线，这一发现不仅对医学诊断有重大影响，还直接影响了 20 世纪的许多重大科学发现。他的这一贡献使他在 1901 年被授予诺贝尔物理学奖。

实验 3　半衰期

在讨论放射性时，我们经常用到"半衰期"的说法。这是什么意思呢？

原来，放射性原子的衰变并非同时发生——它们并没有所谓的"老年期"。对同一种同位素而言，每个原子的衰变概率都是相同的，不受其存在的时间影响。假设某种原子在 1 000 年内的衰变概率是 50%，这就等于说，1 000 个这样的原子在 1 000 年内会衰变约 500 个。剩下的 500 个在下一个 1 000 年里会衰变……不是 500 个，而是 500 的 50%，也就是 250 个。在下一个 1 000 年里，250 个原子会剩下 125 个，以此类推。在这个例子中，1 000 年就是这种同位素的半衰期。

我们可以用一个简单的实验来理解什么是半衰期。别怕！这个实验不会用到放射性物质。

实验目的 模拟放射性原子的衰变，理解何为半衰期。

需要的物品

- 几十枚硬币（随便什么硬币都可以，不需要都是同一种）。
- 一个小盒子。

怎么做

扔下一把硬币（最好是扔在盒子里，免得在房间里滚得到处都是），假设背面朝上的硬币是"衰变"了，把这些硬币从盒子里取出来，计算"衰变原子"的数量并记录在表格中。

把正面朝上的硬币收集起来再扔一次，重复上述步骤，直到最后一枚硬币也"衰变"为止。

投掷次数编号	"原子"的起始数量	衰变的"原子"数量
1		
2		
3		
4		
5		
6		
7		

结果

"原子"的"半衰期"就是一轮投掷的时间。但"样本"完全衰变需要相当长的时间：有些硬币会连着几次正面朝上。这并不是说它们是"错误"的，而是概率论法则作用的结果。

61

还要多久啊？我困了！

第四章
制取金属

　　有些金属在地壳中便以"现成"的形态存在，只需塑造成需要的形状就能使用，但这类金属只占所有金属的一小部分。工业上从自然矿中获取的金属只有金和一部分银，有时还得把它们从其他金属化合物中分离出来。例如，贵金属的重要来源之一便是金和银的混合物——银金矿。

　　大部分金属在自然界中以化合物形式存在，如氧化物、硫化物、碳酸盐等。这种形态下的金属与纯净的金属截然不同：既不可锻，又不导电，还容易碎，要么就和铝土（一种铝矿）一样呈柔软的黏土状。用一个字来形容，那就是"土"。这些矿石本身自然没什么用，得先把里面的金属提取出来才能派上用场。

红矿石

俄语中"矿石"（ruda）一词的词根来自原始印欧语，意思是"红色的"（英语的 red 也来自这个词根）。在斯拉夫语中，由 ruda 派生的形容词 rudyj 也可以表示"长着红褐色头发的"——还记得果戈理《狄康卡近乡夜话》的叙述者，那位满头红发的养蜂人鲁德·潘柯（Rudyj Pan'ko）吗？起初，ruda 仅指红褐色的铁矿，后来随着时间推移，这个词才泛指所有金属矿物。

找矿不轻松

在提取金属之前，得先找到含有金属的矿石。在古代和中世纪，人们发现金属矿床基本是碰运气，而今天的地质学家已经能预测最有可能找到某种金属矿的地点了。例如，铝土最好是在崩塌的古老山脉的山脚寻找，特别是在热带地区。铜矿和金矿常在温泉地带（也就是曾有火山活动的地方）大量出现。如果最初的含金矿脉已经被破坏了，就不妨在从金矿山流出的河流和小溪中淘淘金——水会带着金沙顺流而下。在古代浅水湖的水底，可以找到巨大的铁矿床。地下藏着哪种金属矿石，这一点有时可以通过地表的植物来判断（见本书第 121 页），有时还可以参考……罗盘的指针。

见鬼了!

1909 年，人们最终证明了这个矿床的存在，在当地开采铁矿则是 20 世纪 30 年代的事情了。截至今日，库尔斯克最大的采矿场已经挖到了 600 米深、5 000 米宽，可罗盘的指针依然在"胡闹"：地下的铁还有很多很多哪！

可别赖在我头上呀!

库尔斯克地磁异常

18 世纪，天文学家彼得·伊诺霍德采夫[1] 在一次环俄考察中发现，罗盘到了别尔哥罗德和库尔斯克一带便会表现得非常奇怪：指针不再固定指向北方，而是滴溜溜地乱转。不过，当时他并不清楚罗盘为什么会出毛病。直到 100 年后，科学家才猜出了库尔斯克地磁异常的原因：那一带的地下藏着一个巨大的铁矿带，这些铁矿具有磁性，能让罗盘的指针偏转。

---

1 俄罗斯天文学家，曾观测到金星凌日，确定了俄罗斯多座城市的地理坐标。

从矿山到高炉

　　找到矿石之后，就得把它们运到地面上来，采矿场和矿井就是为了这个才挖的。接下来要选矿，也就是把不需要的矿物从矿石中分离出来，这一步是在采选联合公司进行的。我们得到了无杂质的纯净矿石，但这还不是金属，而是金属的化合物——氧化物、硫化物、碳酸盐等。还得想个办法把金属原子从其他元素的原子身边"拉开"。

　　处理铁矿石用的是炭（见本书第32页）——以前是木炭，现在是煤——并且首先要清除掉炭里的杂质，把炭变成焦炭，也就是提纯过的精炼炭。把磨碎的焦炭和矿石一层层交替着倒进高炉，再从下方通入热空气流。焦炭燃烧着，把混合物加热到合适的温度，最重要的是把氧原子从铁原子身边"拉走"，让它与自己结合在一起。碳和氧结合形成化合物二氧化碳，这种气体和烟一起逸散到大气中，而铁水留了下来，可以把它浇铸成各种形状。

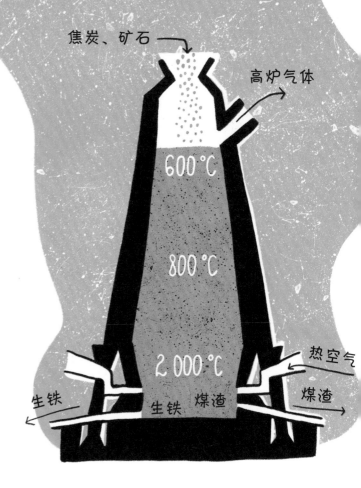

　　如前所见，炼铁的原理自赫梯人以来就没发生什么大的变化，只不过炉子变得更大了，而且几乎可以不间断地运转。传送带从上方交替着输送焦炭和矿石，下方通入空气，铁水透过侧面的开口流进下面的模具。这样铁就炼好啦？才没有呢！用这种方式获得的熔体并没有变成铁，也没有变成钢，而是变成了……生铁。

真是"猪铁"！

古代的工匠就已经知道，炼铁的炉子最好大一点，往炉中通入空气时最好不过于依赖炉管的通风能力，而要靠风箱的压力把空气吹进去。

于是人们制造了高炉和脚踏式风箱，后来又有了水车带动的风箱。与此同时也产生了新的问题：炉中的温度升高了，炉底流出的铁水冷却后形成大块的铁锭，但这种铁锭毫无用处——它完全经不起锻造，轻轻一锤也不会变形，而是像玻璃一样碎成许多小块。

俄罗斯的铁匠把这种铁锭叫作"铸块"（chushka，这个词在俄语里又有"猪崽"的意思），巧的是，无用的铸铁在英语中也被称为"猪铁"（pig iron）。今天我们把这种铁叫作"生铁"。起初人们都不知道要怎么处理这些"生铁"，它们便被当成炼铁的废料白白扔掉了。后来冶金学家发现，生铁很容易浇铸到预先准备好的模子里（因为它的熔点比纯铁低，只有 1 200 ℃ 左右）。于是人们开始用铸铁制作器皿（罐子和平底锅）、炮弹、船锚等许多物品。

铁加金刚石

为什么生铁不具备金属最重要的性质——可锻性呢？它倒是能导电，但导电能力不太强。这是因为生铁并不是纯净的金属，而是铁和碳的合金。没错，就和钢一样，但钢的碳含量不超过2.14%，而且高碳钢就已经十分易碎且难以锻造了。如果碳含量变得更高（这是高炉温度增加的结果），合金的性质就会发生显著的改变：浅白色的锻钢变成了完全不可锻的生铁。这也并不奇怪：所有形态的碳（煤、石墨乃至金刚石）都非常脆，因此可以预料到，随着碳含量的增加，钢的脆性也会上升。

随着高炉越变越大，"正常"的可锻铁所占比例也越来越小，生铁的比例越来越大。能不能把生铁变成钢呢？

马丁炉熊熊燃烧……

既然多余的碳会"搞坏"生铁，那把碳清除掉不就行了？最简单的办法是用氧气灼烧碳，生成二氧化碳。但这样一来，氧气又会与铁化合，结果我们得到的还是铁的氧化物，也就是铁矿石……为了避免这种情况，人们往熔融的生铁里添加铁与硅或锰的化合物——它们能把氧"拉"到自己身边，对铁本身形成保护。最后形成的便是钢水，很容易用模子浇铸成各种形状的毛坯，然后再把这种毛坯塑成最后需要的形状。

生铁炼钢法最早由英国发明家亨利·贝塞麦[1]在1856年提出。他提出往熔融的生铁和废铁中吹入空气，这种炼钢法由此得名**贝塞麦法**，用此法炼成的钢就是贝塞麦钢。

后来在1864年，法国工程师皮埃尔·埃米尔·马丁[2]发明了一种吹炼生铁的炉子，为了纪

贝塞麦炉

轮到你上场了！

氧气

好耶！

---

1 亨利·贝塞麦，英国工程师和发明家，他的名声主要源于贝塞麦转炉炼钢法。1856年8月24日，贝塞麦首先在不列颠科技协会的一次会议上描述了他的炼钢法，当时他称之为"不加燃料的炼铁法"。那篇报告后在《泰晤士报》上全文登出。
2 皮埃尔·埃米尔·马丁，平炉炼钢法发明人之一，早年曾在法国矿业学校学习。在维尔纳·冯·西门子发明的带有蓄热室的炼钢炉的基础上，1864年马丁取得在平炉中采用生铁—废钢炼钢法的专利。这种方法以适量废钢铁和生铁为原料，控制含碳量，以炼出所需要的钢。

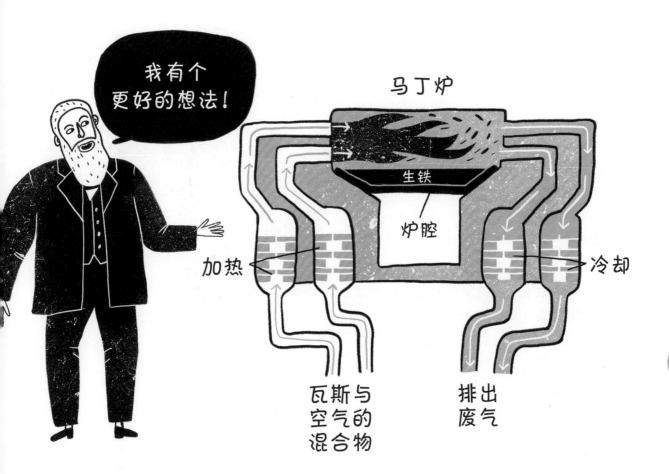

马丁炉

生铁

炉腔

加热

冷却

瓦斯与
空气的
混合物

排出
废气

念他，人们便把这种炉子命名为**马丁炉**。马丁的设计是：往炉子的熔炼室通入空气之前，先让空气通过蓄热室，也就是由废气预热过的小室。预热后的空气进入熔炼室时已有 1 000 ℃—1 200 ℃，比较容易达到钢的熔点。马丁炉是 20 世纪最重要的炼钢设备，直到今天有些地方仍在使用，但它已经逐渐被产量更高的新技术取代，改用纯氧而非空气去吹炼生铁。尽管如此，这些技术的基本原理都是相同的——烧掉生铁中多余的碳。

不只是氧气

我们之所以要如此详细地讨论炼钢过程，是因为钢至今都是人类使用的主要合金。炼钢的过程分为多个阶段，而制取其他金属也不是件容易事。有些金属（如锌和锡）可以像炼铁一样，用焦炭从矿石中提取出来。**铌**也可以用碳来还原，但不是煤炭，而是炭黑。也有些金属（如钨、**钼**、铍）得用纯净的氢气来还原，还有些金属用的是一氧化碳。一氧化碳同样是碳和氧的化合物，只不过它与无毒的二氧化碳不同，具有非常厉害的毒性。用一氧化碳可以制取镍、铜甚至是铁。**镁**可以用硅来还原。

有的金属必须用另一种金属把它从矿石里"逼出去"才能获得，例如钛可以用镁来还原。铝也可以利用钠或镁从矿石中分离出来，但这得先获得钠或镁才行呀！这也就是为什么最初铝的价格会那么昂贵。

电解

1886 年，人们发明了一种制取金属的全新方法——利用电流。取一块矿石，在 1 000 ℃左右的温度下将其熔化，然后往熔体中插入电极并通入强电流。此外还要混入冰晶石（钠、铝和氟的化合物），否则就是温度要达到 2 000 ℃才行。

接下来会发生什么呢？矿石中的每个金属原子都处于"衣不蔽体"的状态：氧原子、硫原子等其他原子与金属原子结合时，会从它身边"拉走"一个或多个电子。也就是说，金属的原子带有正电（这种原子叫作离子）。盛有金属液的槽中插入两个电极：一个正极（＋）；

危险的杂质

从矿石中获得金属并赋予其制品的形状还不够。在此之前，得先好好地对金属进行提纯，因为哪怕混入一点杂质都可能让金属的性质发生天翻地覆的变化。

前面已经说过，只需往铁里面加入略多于 2% 的碳，它就会从坚固可锻的钢变成脆弱的生铁。而有些杂质更甚，1 000 个甚至 100 万个金属原子里哪怕只混入了一个杂质原子，性质都足以因此发生改变！例如，我们都知道铁会生锈，但这其实并不是铁的性质。一块铁假如纯得不带半点杂质，它就可以用很多年而完全不会生锈。而让铁生锈的正是里面那微不足道的杂质。

一个负极（－）。众所周知，正电荷受到负极的吸引，熔体中的金属离子会流向负极，并获得它"珍藏"的电子。获得了足够的电子后，离子就会变成普通的原子，形成一块完整的纯金属。

今天，人们就是用这种方法来制取铝和其他一些金属的。

往溶液或熔体中通入电流以获得某种物质的过程叫作电解。

好吃！
谢谢杂质！

印度的奇迹

印度首都德里有一座铸于公元 415 年的铁柱。这根柱子经受了 1 600 多年的风吹雨打，其地上部分却几乎没有生锈。很久以来人们都以为，柱子不受腐蚀是因为用了纯铁——也就是说，古印度竟有能炼出纯铁的神奇工匠。然而，这根柱子里的铁其实并不是那么纯，但含有大量的磷——正是磷在柱子表面形成了一个坚固的防护层，保护柱子免受腐蚀。

不能锻造？
是不是太脏了？

去除了杂质的**钪**、**钇**等稀土金属也不会被腐蚀，不过提纯率必须达到 99.999%，也就是说，每 10 万个稀土金属的原子里只能有 1 个其他元素的原子。纯度如此之高的稀土金属其可塑性会大大增强，还会获得一些新的性质，可以用来制造优质设备。

很久以来，人们都认为钼是一种不可锻造的金属，后来才发现是氧杂质在作怪——哪怕只含有万分之一的氧，也会害得钼失去可锻性。只要好好把钼提纯一下，它就不再是"金属都可锻"这条规律的例外了。

以高纯度的**钒**为基础的合金坚硬无比，胜过含有铁、钴、镍、钛或铌的多种合金。然而含有杂质的钒是非常脆弱的——在人类学会提纯钒之前，它被认为是一种毫无用处的金属。钛的情况也是如此：只要好好提纯一番，它立刻就变得比钢还要硬，而重量只有钢的一半。

要怎么把它们弄干净啊？

找专业人士呗！

清除**锆**里面的**铪**杂质也是非常重要的。锆不会阻挡中子，因此被用作核反应堆的铀棒的外壳。然而，锆里面只要掺进一点点铪，它在中子面前就不再"透明"了。倒霉的是，锆和铪的化学性质十分相似，在自然界中也往往相伴而生，因此把它们分开来是非常困难的。

超导体

去除杂质会显著改变金属的化学性质和物理性质，这样的例子有很多，无法一一列举。但我们可以谈谈一个共性：所有纯净金属的导电性都比不纯净的金属强得多。不过，高纯度的镁硼化合物（二硼化镁）是一种超导体，尽管它提纯并不彻底，在室温下电阻也很大。

在纯净的金属里，所有原子都是一样大的，电子可以在原子的空隙里自由移动。要是路上出现了较大或较小的原子，电子就会撞到这些原子并放慢速度——这就是所谓的电阻。

对于冰箱、热水壶等日用电器的电线而言，这或许还没什么大不了的。不过倒也可以算算，要是能用纯铜来制作电线，我们该能省下多少电费啊！而在高精度的电子仪器中，减小电阻就成了头等重要的问题。原因之一便是电阻太大的导线会发热，容易给仪器造成损伤。

提纯金属

总之，提纯金属是很重要的。但要怎么去除各种杂质呢？地壳中所有元素都混在一起：不管是铁矿、铜矿还是别的什么矿，它们总会含有许多种金属和非金属杂质。假如这些杂质在主要金属中占千分之一，要怎么把它们清理掉呢？

办法有很多。前面我们谈到用汞齐提纯金，用吹氧法清除生铁中多余的碳，这就是提纯的两个例子。

不过，化学方法通常只能获得工程用的"纯净"金属，里面的杂质其实还很多。如果需要具有特殊性质或高纯度的材料，就得用一些别的办法了。

发电机

加热器

纯净的
物质

熔化区

含有杂质
的物质

真棒!

区域熔炼

有一种方法叫作区域熔炼。取一块工程用的金属锭，把它放进一个高熔点的"小船"（容器）内，再对宽度不超过 5 厘米的特定区域加热。随后慢慢地移动金属锭，改变它与加热器的相对位置，熔化的区域便会沿着金属锭"移动"，从一端移到另一端。为了加快处理速度，人们通常会在几个位置同时加热金属锭，让几条加热带前后连接起来。

这种情况下会发生什么呢？一般来说，大部分杂质易溶于液态金属，而难溶于固态金属。这就导致杂质在熔化区边界进入熔体之中，而当熔化区移动时，杂质并不会重新"粘"到凝固的金属上，而是和熔体一起继续往前移动。

熔化区后方留下了纯净的金属，而熔体中的杂质含量越来越高。等熔化进行到金属锭的末端，只需把"满载"着杂质的末端切掉，送去重新熔化并参加新一轮提纯就行了。金属锭的主要部分已经可以用啦！

靠蒸气

如果出于某些原因，区域熔炼未能取得理想的结果，那还可以采用一种叫作精馏的方法。精馏指的是多次蒸馏：不仅要把金属熔化，还要把它蒸发，也就是变成气体！然后用冷的表面把金属蒸气收集起来。在此过程中，杂质要么保持液态，要么直接逸散，结果就获得了非常纯净的金属。但这种方法的高昂成本也是不难想象的——要把金属加热到沸点，何况还得蒸发和凝结多次才能彻底完成提纯。

因此，用精馏获得的高纯度金属只用于一些特殊的场合，如精密仪器、核电站、核潜艇（纯钇与镧形成的合金具有很好的防辐射作用）和航天航空。

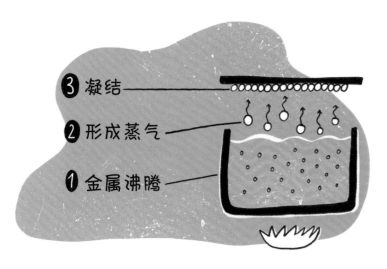

❸ 凝结
❷ 形成蒸气
❶ 金属沸腾

钒农场

还有一种出现得比较晚的提纯方法是生物提纯。许多金属元素是生物必需的微量元素，也有些生物对特定的金属有一种"病态"的嗜好。例如，有一种不活动的海洋动物叫作海鞘，它能从水中滤出微小的食物颗粒。这种动物不知为何（有人推测是为了防止被捕食）会在体内积累钒元素，它血液中的钒含量甚至能达到8%或以上！日本人已经在尝试开设专门饲养海鞘的海洋农场，从养殖的海鞘成体中提取珍贵的钒。目前这种方法的成本比提纯矿石高，但随着技术的进步，其成本无疑也会降低。

不下矿井，下海喽！

细菌沥滤

用细菌提取金属的方法已经用得很多了。有些细菌爱"吃"金属或金属化合物。准确来说也不是吃，而是从中获取能量。但这不重要，重要的是细菌的生命活动会产生废料，并在它们周围积累起来。这些废料就是它们喜爱的金属的化合物。这对我们有什么帮助呢？

假设有一种铁细菌生活在混有其他金属的铁矿床中。如果用传统手段提炼，我们只能获得含有大量杂质的钢。而铁细菌只钟情于铁，因此它们周围积累起来的正是铁的化合物，其他金属杂质都留在了矿石里。从结果上看，细菌完成了一项非常重要且精细的工作——一个个挑选出金属原子，把它们同其他原子分离开来。这种制取金属的方法叫作细菌沥滤，可以用来制取铜、锌、锡、镍、铀、金等珍贵的矿物。

细菌在贫瘠的矿床中特别有用：那里的天然金属含量太低，传统的熔炼方法往往派不上用场，但多亏有了细菌这些小帮手，人们可以把金属的含量提高到商用级别。有些矿床含有混杂的矿石，许多种值钱的金属"乱成一堆"，用化学手段来分离成本太高，而细菌却能让这种矿山的开采变得有利可图。多亏了细菌，这些矿床也有收益了！

啊？要在家庭
厨房精馏吗？

78

实验 4 精馏

　　家庭厨房的条件无法把金属加热到沸点，所以我们在厨房做不了金属精馏的实验，但可以模拟一下这个过程。

实验目的 通过精馏去除冰里的杂质。

需要的物品

- 一些水。
- 一些盐和水彩。
- 一个冻冰块的冰格。
- 一口锅和一个圆底烧瓶（若没有圆底烧瓶，也可以直接拿两口锅）。
- 一个煤气炉或电磁炉。
- 一个杯子。

注意！ 这个实验必须在大人的陪同下进行！

怎么做

1 将盐、水彩或其他"污染物"溶解在水里。
2 将"脏水"倒进冰格并放入冰箱冷冻室。这样我们就获得了"脏冰"。现在来提纯吧！
3 将冰块放进锅里，放在炉灶上加热。
4 往烧瓶或另一口锅里倒入冷水（冰水混合物亦可，尽可能降低水的温度）。将烧瓶或锅架在第一口锅上方接收蒸汽。

5 烧瓶或锅底部逐渐出现水滴，将水滴抖到旁边的杯子里。

6 重复上述步骤，把凝结在烧瓶或锅底部的水都收集到杯子里，最后把这些水倒入擦得干干净净的冰格，再放进冰箱冷冻一次。

结果

　　冰格里形成了纯净的冰：没有水彩，没有盐，也没有其他杂质。杂质都留在了锅底。话虽如此，这块纯冰的体积却比原来小得多，这是因为我们是在开放式的环境中加热。工业上却是在封闭的精馏柱中对金属进行精馏，就不会出现损失了。

结论 用精馏法对固态或液态物质进行提纯，须将物质加热到沸点，并用冷凝法收集其形成的蒸气。收集到的物质非常纯净。

赫梯人做梦都想不到……

　　制取金属的"化学"自古以来就没有多少变化：我们依然要"强迫"铁原子、铜原子、铝原子和其他金属兄弟的原子接受那些它们本想交出去的电子。换言之，制取金属的过程就是将金属从金属化合物中还原出来的化学反应。不过，这种还原的技术发生了多大的变化啊！

　　就连高炉也变得更厉害了：现代高炉的产量、效率和节能程度都远胜于以前的高炉。贝塞麦炉和马丁炉已几乎不再使用，现代工业生产吹炼用的是纯氧，甚至用电流来熔炼生铁和废铁。这些方法效率更高，还能精确调节钢中的碳含量。前面说过，碳含量决定了钢的硬度、可锻性、脆性等许多性质。

　　金属竟能用电解、细菌、植物或海洋生物来制取，这是当年的赫梯人所无法想象的。但我们也不能骄傲自满：现代人只是完善了已有的技术，而古人可是从零开始发明新技术的呀！

第五章
利用金属

　　没有金属就不会有汽车、飞机、火车和铁轨，现代楼房离不开钢筋混凝土，更不用说厨具和每天都在用的各种日用品了——有的时候，我们都想不到它们是金属做的。最好还是来做个实验吧！

我来告诉你们。
进来看看吧！

电器和电子产品

磁感应

　　家里的锅子、勺子和挂衣钩是用什么金属或合金制成的呢？很遗憾，这在家庭条件下并不总能准确判断出来。我们能做到的是确定某个物件是否含有铁、镍或其他有"磁性"的金属，或把铁器皿与铜器皿和铝器皿区分开来。

　　如果你家有电磁炉的话，上述区分就具有重要的实践价值。电磁炉只对铁或具有磁性的同类金属生效。这种炉子能创造一个磁场，在金属中产生旋涡状电流并使它发热。

还说是纯金呢！

实验5 有没有磁性？

实验目的 判断厨房里的哪些器皿可以放在电磁炉上加热。

需要的物品

■ 一块磁铁。

■ 各种容器。

怎么做

　　将磁铁靠近平底锅、圆锅、咖啡壶等容器的底部或侧面。磁铁会吸附在容器上吗？把实验结果记录在表格中：

容器	磁铁是否吸附
铁平底锅	是
不粘锅 （带特氟龙涂层的平底锅）	
搪瓷锅	
铜壶	
铝箔盒子	

　　补充实验：试着将磁铁吸附在圆锅或平底锅侧面。有些容器本身是用非磁性金属制作的，底部专门加了一个钢层，让它可以在电磁炉上使用。

注意 搪瓷容器的底部可能无法吸引弱磁铁，但它可以用在电磁炉上——搪瓷容器的铁"藏在"厚厚的珐琅层里面。

结论 凡是底部能很好地吸附磁铁的容器，都能用在电磁炉上。

电线之王

虽说很困难，但房屋或交通工具不用金属也能建造。而没了金属，电子产品就肯定做不成了，它们的电线和接头都是用导电性很强的金属制成的。

导电性最强的金属无疑是银，稍差一点的是铜，然后是金，再然后是铝，但它落后了前三名一大截。其他金属的导电性都远不如前四名，例如铁的导电性仅有银的六分之一、铝的四分之一。

不了哪怕一小部分的需求，因此银导线只用在微电子产品中。

幸好我们还有铜：它的导电性并不比银差多少，数量可要比银多多了。但铝电线也是很常见的：它的导电性比较差，但价格非常低廉。为了降低电阻，人们把电线做得更粗——我们知道，导线越粗，电阻就越小。

金的工作

电子产品中有时也会用到金，尽管它比较昂贵，也不是最好的导体。金的优点是能与其他金属牢固地结合在一起，可以在复杂的仪器中用作焊料，这样就不必担心焊接处松脱了。除此之外，我们还知道金是可锻性最强的金属，可以制成极细的导线而不断裂。它对于细小的零件是不可取代的。

不仅如此，金的导热性也很强（虽说还是不如铜和银）。这对工作时会发热的仪器是很重要的——金属散热能防止零件被烧坏。因此人们还给仪器的接触部分镀金，有效防止腐蚀。由此可见，随着电子技术的发展，就连最"没用"的金属也有了用武之地。

为什么不是银？

按理来说，用银来制作电线当然是最好的。但银是一种稀有金属，全球的银矿储备据估计为50万吨—60万吨，用来制作直径5毫米的电线只能满足60万千米的需要。而单是在俄罗斯一国，电气铁路的总长就已经超过了4万千米，也就是说，光是铁路两侧的接触导线就需要用到16万千米以上的电线（因为这种导线通常是双线，两侧各一条双线，就是四条电线）。总之，就算是把全世界的银都拿来制作电线，也满足

最早的电池

金属不仅能传导电流，还能帮我们制造电流呢！制造电流有三种不同的方法，但都与金属的性质有关。

1786年，意大利科学家路易吉·伽伐尼[1]首次发现，金属在特定条件下相互作用会产生电流。为了纪念他，我们至今仍将电池称为"伽伐尼电池"。对这种现象做出解释的是稍晚的另一名意大利物理学家，名叫亚历山德罗·伏特[2]。电压的单位"伏特"便是以他的名字命名的。伏特用一种非常简单的方式获得了电流：他拿了一个铜片和一个锌片，在二者之间放了一块浸透过酸溶液的破布。用导线连接两个金属片，导线上便产生了电流。一对金属片产生的电流很弱，但如果把几种成分（铜—酸—锌）堆叠成柱状，就能获得非常强大的电流。这种柱子被称为伏打电堆。半米高的伏打电堆已能产生非常明显的电流，而高约20米的伏打电堆能产生2 500伏的电压！比较一下：电车的接触导线中的电压仅有600伏。

通过化学反应产生电流！

厉害！

伏特向拿破仑·波拿巴展示自己的发明。

锌
酸
铜

1　路易吉·伽伐尼，意大利医生、物理学家与哲学家，现代产科学的先驱者。1780年，他发现死青蛙的腿部肌肉接触电火花时会颤动，从而发现神经元和肌肉会产生电。他是第一批涉足生物电领域研究的人物之一，这一领域的科学家今天仍然在研究神经系统的电信号和电模式。
2　亚历山德罗·伏特，意大利物理学家，19世纪因发明电池而闻名，后受封为伯爵。

原理是什么？

一块铜片加一块锌片，这怎么就能产生电流呢？所有金属都很"乐意"交出电子，但这种"乐意"的程度对于不同的金属也各不相同。锌很容易交出电子，而铜却不介意把电子留在身边，甚至会从某种较弱的金属身边把电子"拉过来"。

因此，铜接触锌时会把一部分电子拉到自己身边，但在一般情况下，这"一拉"很快就停止了，也就不会产生稳定的电流。而酸溶液加入游戏就改变了整个情况。酸会溶解锌，把锌原子变成带正电荷的锌离子，被"解放"出

来的电子则被铜拉走，随后铜又把电子交给带正电荷的氢离子，氢离子就变成了氢气，在铜电极附近形成小小的氢气泡。

如今，人们利用数十种类似的反应来发电，其中会用到许多不同的金属：有铅锌电池、锡锰电池、镉汞电池、锂碘电池、锂离子电池、镍铁电池等许许多多的电池和蓄电池。但这些电池原理相同，也就是让一种金属或非金属去"夺取"另一种金属的电子。

众所周知，能量不可能凭空产生，只能从一种形式变成另一种形式。在所有的化学电池中，电能的来源都是化学反应。这是用金属发电的第一种方法。

电子沿着导线从锌流向铜。

开始溶解

锌

硫酸

氢气

铜

真是一对佳偶！

热电偶！

实验6 热电偶

　　总之，两种"力气"不同的金属可以产生电流，但它们需要被赋予能量才能产生电流。直接用热能不行吗？我们来验证一下吧！这个实验需要在大人的陪同下进行。

实验目的 确定加热一对不同的金属时是否会产生电流。

需要的物品

- 一段铝丝。
- 一段铜丝。
- 一把平口钳。
- 一把锤子。
- 一副厨房防烫手套。
- 一根蜡烛或一个煤气炉。
- 一个指南针。

实验准备

1 将铜丝和铝丝清理干净，然后把两端分别缠在一起，连成一个环。可以用锤子把缠绕处敲紧，增加衔接处的紧密度。

2 在远离衔接处的某处将电线弯曲成 U 形。

3 将电线环放在煤气炉或蜡烛上（先别打开或点燃），让敲紧的衔接处位于火焰上方。第二个衔接处应尽量远离加热的位置。

4 在 U 形弯曲处旁边放一个指南针，准确标记指针的位置。

怎么做

1 打开炉子或点燃蜡烛，观察指南针的运动。如果指针没有偏移，就在指针旁边反复移动弯曲处。为了减少实验误差，可以等金属丝冷却后再重复一下这个动作。

2 试着增加火力。指南针的偏转程度有多大？

注意！ 金属丝会变得很烫，必须用平口钳或镊子夹着，也可以再戴上厨房用厚手套。

结果 加热铝丝和铜丝的衔接处，旁边的指南针会发生偏转。

> 物理学解释：电流通过导线时会在周围产生磁场，正是这个磁场让指南针发生了偏转。

结论 铜和铝的衔接处被加热时会产生电流。火力越强，电流越强，指南针偏转越明显。

热力之战

恭喜！你刚刚完成了一个热电偶。热电偶指的是两种不同的金属片或合金片连在一起，加热时会产生电流。

热电偶还真可以用作电源，尽管在现实生活中用得不多，因为它的效率太低了。大部分热能都白白逸散了，只有一小部分变成了电能。

效率低又如何？我这里的火又不收钱！

热电偶经常用在航天器上，例如"新地平线号"和"旅行者号"等已经飞出或即将飞出太阳系的探测器。它的主要优点是不会出故障，因为里面根本就没有能损坏的东西：没有旋转的组件，没有易碎的管子，也没有易破的阀门。航天器的放射性燃料会不断放出热量，而热电偶能无视周边情况一直产生电流。因此，"旅行者号"虽然发射于 1977 年，但直到今天都还能靠残余的放射性燃料发电，然后利用这些电流送出信号。

热电偶还可以用作冶金业的温度计。一般的温度计放进马丁炉就会熔化，而热电偶有长长的耐热探针，可随意探测炉内的温度。如前所述，热电偶的电流强度直接取决于温度，因此只需标好刻度，一个高精度的温度计就完成了。

磁铁

利用金属产生电流的方法还有一种，也就是发电站使用的方法。把导线缠许多圈形成一个线圈，让线圈绕着一块磁铁旋转，磁场就会驱使导线里的电子运动——线圈里产生了电流！

当然，这块磁铁必须是永磁的，也就是说，它的磁力不能靠其他能源来提供。永磁铁通

常用铁、镍、钴或含有这三种金属的合金来制作——钕磁铁中同样含有铁（关于钕磁铁，参见本书第 58 页）。要是没有了这"三兄弟"的磁性，我们就不会有电脑、吸尘器和电冰箱，而只能点着蜡烛生活了。打开电脑玩游戏前，可别忘了对这些金属说声"谢谢"呀！

稀土元素中也有磁性材料，但它们的磁性比铁、钴和镍弱得多。

磁铁的原理

磁铁究竟是什么，为什么上述三种金属具有永磁性呢？下面我们来谈谈其中的原理。

如前所述，磁场是由运动的带电粒子（本例中是电子）形成的。另一方面，每个原子周围都环绕着一个电子或多个电子。莫非每个原子都是一块磁铁？确实如此，但在大部分材料中，各个原子的磁场都朝着不同的方向，结果就相互抵消掉了。每个原子单独拿出来是一块磁铁，放在一起就不是磁铁了。

铁、钴和镍的原子具有一种整齐排布的能力，使得所有原子的磁场都相互吻合。将一小块这类金属磁化（放进强磁场中）就会形成这种整齐排布。

严格来说，任何金属放进磁场都会磁化，但只要磁场一"关闭"，它们的磁性就消失了：原子又变回了杂乱无章的状态。只有铁、钴和镍的原子保留着磁化的状态，整块金属的磁性也就不会消失了。永磁铁完成啦！

金属的特殊性质

金属疲劳

前面已经介绍过提纯金属的重要性——只要有一点点杂质，就会让金属的品质大幅下滑。但有的时候，给金属加入另一种物质反而会让它获得前所未有的新性质！你马上就会想到一个例子：青铜！添加锡能让铜变得更坚硬。往钢里添加**铍**不仅能提高钢的硬度，还能减少钢丝弹簧的"疲劳"。金属的"疲劳"是怎么回事呢？我们做个实验研究一下吧！

实验 7 金属疲劳

实验目的 了解什么叫金属疲劳，确定各种金属"疲劳"的速度。

需要的物品
- 一段铝丝。
- 一把平口钳或万能钳。

最好还有
- 两段钢丝。
- 一段铜丝。
- 一个炉子（或煤气炉）。

实验准备 （必须在大人的陪同下进行。）
回火：将一段钢丝烧红，然后在空气中冷却（不要让它变硬）。

怎么做

1 将金属丝在同一处弯曲再抻直，计算弯曲的次数。

2 等金属丝折断后，在表格中记录弯曲的次数。

3 对烧红的钢丝和其他金属丝重复这个实验。把结果记录在表格中。

材料	弯曲次数
铜	
铝	
烧红的钢	
回火的钢	

结论 金属可以承受多次形变，但每被弯曲和抻直一次，就会出现细微的裂痕——金属就开始疲劳了。金属制品的抗疲劳能力取决于金属的种类或合金的成分，还取决于淬火的程度。

再来一次！

我累了……给我铍！

弄弯金属丝自然是相当粗暴的处理方式。一般来说，机器零件（如弹簧）是不需要承受这么强的形变的。尽管如此，弹簧每压缩和松开一轮，里面都会出现细微的破损——它渐渐地"累了"。

然而，加了铍的钢（用冶金学家的话说就是**铍合金**）承受数十亿次压缩和松开后都不会"疲劳"！

有什么给人治疗疲劳的方法吗？

飞机用的金属

有的时候，往合金中加入某种金属会导致硬度下降，但重量也大大减轻了。这在航天学中非常重要。例如，钛镁合金被用来制造月球土壤取样器——钛能确保钻头的硬度，镁能减轻它的重量。如果没有镁，就要消耗巨量燃料才能把机器送上月球。

高空中的气温很低，在那里飞行的飞机不能没有铌。铝合金中只要加入 0.7% 的铌，就能抵御 -80 ℃的严寒而不碎裂。在这么低的气温下，大部分金属都会变得非常脆弱，用锤子一敲就会粉碎——问问在南极洲度过冬天的极地工作者就知道了。

形状记忆

镍钛合金（镍原子和钛原子的比例为1∶1的合金）具有一种非常神奇的性质，叫作"形状记忆"。举个例子，我们有一台复杂的机械，需要用铆钉把零件固定住，结果发现铆钉安装不上去，因为另一侧已经有另一个零件了。有了镍钛合金，这个任务就不难解决了。把零件做成需要的铆钉状，烧红并淬火，然后把它锻造成圆柱形塞进洞里，再加热到 40 ℃，零件就自己变回了铆钉加钉帽的形状，它"回忆起"了这个形状。镍钛合金的原子具有一种倾向，会恢复到淬火过程中的排列方式。

镍钛合金在医学上也有用处，例如用于固定骨折的部位。这种合金可以制成很好的弹簧，部分是因为形状记忆能防止金属疲劳。某些金镉合金、铜铝合金等也具有形状记忆。

你不就是这里最聪明的吗？

还是最漂亮、最谦虚的呢！

93

看着挺好吃！

只本身坚硬，还能接受进一步的硬化处理。经过普通的淬火之后，它会持续变硬，其强度在几天之内会不断增加。

这种神奇的合金叫作杜拉铝，又称硬铝。它在飞机制造业、高速列车和飞艇的建造中都有广泛的运用。总之，凡是需要把坚固与轻巧结合起来的领域，都常常能见到它的身影。

94　金属"沙拉"

如果合金中的金属不是两种，而是有好几种，形成的金属"沙拉"同样具有惊人的性质。例如，铜、镁和锰加入铝后会大大增加铝的强度。

如果你已经做过金属疲劳的实验，就会知道铝的强度比较低：只需弯曲几次，铝丝便会折断。而新的合金丝就比铝丝坚固多了，重量增加得也很少，这是因为里面的铜含量为 4% 多一点，镁和锰甚至不足 1%！并且镁比铝还要轻，加入镁只会减少合金的重量。这种合金不

我有这样的盔甲就好啦……

身负特殊任务的金属

铟——英国的盟友

第二次世界大战期间的 1940 年夏天，纳粹德国正紧锣密鼓地准备登陆英伦群岛。英国陆军没有足够的力量去击退登陆部队，只能完全寄希望于海军和空军。德军将领很清楚：要想成功登陆，就必须取得制空权——轰炸机场，摧毁飞机和飞机制造业。于是德国对英国发动了大规模的空袭。

对付侵略军飞机有两种手段：空中的战斗机，以及地上的高射炮。要用高射炮击中在夜幕掩护下飞行的敌机，就得用探照灯照出它们的踪影。而为了制造能"穿透"浓雾的强力探照灯，又得有能反射光线的优质镜子。

传统的镜子是在玻璃后面涂一层铜或锡，不过最好还是银。银具有很好的反光性能，但在硫化氢等气体的作用下会迅速变暗——轰炸、爆炸和火灾释放的硫化氢就已经够多了。这时，20 世纪 30 年代的一个发现就派上了用场：铟的反光能力不比银差，同时又不会变暗！铟镜用在探照灯中不会出毛病——这可真是英军高射炮手的福音！即使没有铟，英国大概也不至于输掉战争，但不管怎么说，这种金属毕竟为英国的胜利做出了贡献。

实验8 自制镜子

　　我们自己来制作一面镜子吧！当然，铟或银在家里和商店恐怕都不易找到，但我们可以用常见的"金属色"油漆来解决问题。

需要的物品

■ 一小块玻璃（如果能找到一面金属层部分脱落的老镜子就更好了，可以修复）。
■ 一些"金属色"的油漆或气球用的镜面喷漆。
■ 一张旧报纸。
■ 一个面罩。
■ 一副护目镜。

实验准备

1 将玻璃清洗干净并擦干。可以用酒精给表面消毒。
2 到阳台或外面做实验——油漆的气味很难闻，对身体也有害无益。
3 如果要在阳台上做实验，可以铺一张报纸，免得地板被弄脏。
4 戴上面罩和护目镜，免得小滴的油漆飞进眼睛。

怎么做

　　将油漆均匀地喷在玻璃背面，晾干。重复几次。

　　注意！喷漆时尽量不要吸入油漆蒸气。刮风天要注意站在上风口，免得油漆被吹到身上。

结果 油漆干透后，把玻璃翻过来看看。

结论 喷在玻璃上的油漆能起到金属的作用——镜子就这样完成啦！

帅呆了！

保卫洁净的空气

我们都知道，汽车发动机排出的尾气对身体有害。这些尾气中含有一氧化碳、二氧化硫、一氧化氮和烟灰。有没有什么办法能减少污染物的数量呢？

办法是有的。我们已经知道（见本书第58页），所有现代汽车都必须配备尾气催化剂（又称中和剂）。催化剂指的是能推动化学反应的物质，但其本身在反应过程中并不消耗。

汽车排气管中的催化剂正是金属。**铂和铑**可以将剧毒的氮氧化物变成无毒的氮气。**钯和铂**能将烟灰和一氧化碳变成二氧化碳。

铂和它的"同事"们只有一个缺点——它们只有在高温下才能工作。高速行驶的汽车发动机温度很高，因此排出的有害物质是最少的。但碰到堵车就糟糕了，此时汽车的有毒尾气排放量是最大的。

含钨润滑油

钨是最坚硬的金属之一，难怪人们把它添加到穿甲弹中，还用碳化钨制作切割金属或石头的切削刃。不难想象，硬度在这里的作用真的很大！

令人惊奇的是，这种钨还可以用来制作……润滑油。这里用的是钨与硫的化合物。这种物质不仅能减少零件的摩擦，还非常耐热，因此可以直接用在发动机里。往机油中加入二硫化钨（这种添加物叫作油料添加剂）可以大大减少燃料的消耗、零件的磨损和噪声。发动机也可以不用油料添加剂，但零件就会猛烈地相互碰撞和摩擦，缩短发动机的寿命。

颜料

每个画家的画室都是一个装满各种金属的仓库，其中还有相当稀有的金属！当然了，那里使用的金属不是单质，而是化合物。许多金属的盐和氧化物具有鲜艳的色彩，将这些矿物磨成细细的粉末就能给颜料上色。

举个例子，铅与原高铅酸（中间带有一个铅原子的酸）形成的化合物叫作红铅（四氧化三铅），是鲜艳的橘红色。硫化镉是小鸡羽毛一样的淡黄色。铁与氰基形成的化合物（普鲁士蓝）是深蓝色。氧化铬有黑色的、绿色的，还有深红色的。如果需要白色？这里的选择多得叫人眼花缭乱：有铅白、钛白、锌白、钡白……

为什么画作会变黑？

在画廊参观时，你肯定注意过这样的现象：很多古老的画作会变黑——画上几乎什么都看不到了。原本很鲜艳的颜料出了什么问题呢？首先，覆盖在画面上的蜡氧化发黑。其次，颜料中的色素与水中的硫化氢发生了反应。以前的画家常用的铅白中含有碳酸铅，这种铅盐是白色的。糟糕的是，如果空气中有哪怕一点点硫化氢，硫就会"挤掉"铅盐中的碳酸，自己与铅结合在一起，形成黑色的硫化铅。这个反应进行得非常缓慢，需要数十年乃至数百年的时间，但这些画作已经有千百年的历史了呀！

为了恢复颜料的鲜艳色彩，修复师会小心地用过氧化氢去处理画作。过氧化氢能把硫化物氧化成硫酸盐，而硫酸盐刚好是白色的！

您是不是该梳洗一番啦？

真好意思说！

向金属致敬！

耀眼的镁

现在我们来谈谈焰火。乍一看叫人摸不着头脑：焰火跟金属有什么关系呢？难道金属也会燃烧吗？

其实，许多金属被磨成粉末后都非常容易燃烧！被刨成细细的铁屑后，就连铁也能燃烧了。但最重要的是，金属燃烧时具有各种各样的焰色。因此，要想制作五颜六色的礼花，就少不了金属的帮助。

焰火中使用的主要金属是镁。镁只需600 ℃（火柴的火焰有800 ℃—1 000 ℃）就会猛烈燃烧，在空气中发出耀眼的白色火焰。所谓"耀眼"绝非夸大其词：直接盯着燃烧的镁看，很可能会把眼睛给刺伤。请记住，镁绝不能拿在手里点燃——它燃烧的速度非常快，人还来不及把手抽回来就被烧着了。而镁在空气中燃烧的火焰温度足有2 200 ℃……或者说"只有"2 200 ℃，因为它在纯氧中燃烧的火焰温度高达3 800 ℃。

冷焰火

为了防止被烧伤，人们把镁粉或铝粉（铝磨碎后也很易燃）粘在钢条上，这就是非常安全的冷焰火（手持式烟花棒）。不过镁本身燃烧得很平稳，没有火星——要让焰火变得五彩缤纷，还得往里面加入铁粉，才能形成喷泉一样四散喷溅的效果。

孟加拉国欢迎你！

金属不仅能燃烧，还会赋予火焰各种颜色。原因并不是金属在燃烧时会产生不同的火焰——金属在火焰中甚至不用燃烧也会产生焰色反应。我们用实验来证明一下吧。注意！这个实验必须在大人的陪同下进行。

实验目的 确定不同金属的焰色反应。

需要的物品

- 一根蜡烛。
- 一点食盐。
- 一点苏打。
- 一点钾盐（园艺商店就能买到）。
- 一根粉笔。
- 一点硫酸铜。
- 其他金属的盐——只要你能弄到。

最好还有

- 一个细金属环或一小张金属滤网，须带有较长的金属把手。

实验准备

1. 点燃蜡烛。
2. 用金属环（滤网）蘸一下要研究的盐溶液。

怎么做

在安全距离将盐撒入蜡烛的火焰，或将蘸有盐溶液的金属丝伸到火焰中。

观察焰色的变化，将实验结果记录在表格中：

物质	焰色
食盐	
苏打	
氯化钾	
粉笔末	
硫酸铜	

注意 "其他金属的盐"中不能混有钠盐——钠会产生耀眼的黄色火焰，盖住其他所有颜色。

结论 金属盐会让火焰变成各种颜色。钠盐是亮黄色，钾盐是紫红色，钙盐是橘红色，铜盐是海浪般的蓝色。

为什么铟叫作 Indium？

从名称上看，你可能以为铟是从某种来自印度（India）的矿物中发现的，要么就是某位印度科学家发现了这种金属，为了纪念祖国给它取了这个名字。实际上铟的拉丁文名 Indium 来自……靛蓝色（Indigo）。铟原子在火焰中会呈现靛蓝色，但除此之外还有其他颜色的光线，这种靛蓝色只能在分光镜（将混色分解成彩色光谱的仪器）下看到。

真没劲！

好吃！

第六章
保护金属

金属忠实地为人类服务，同时又请求人们帮它抵挡一个凶恶的敌人——腐蚀。

就算以前从未听过"腐蚀"一词，你肯定也很了解这种现象。铁制品会生锈：先是覆盖上一层薄薄的红褐色物质——铁锈，要是不及时处理的话，铁锈很快就会侵蚀到金属最内部，将坚固的铁梁化为脆弱的粉末。铁生锈就是腐蚀的一个例子。可惜啊，腐蚀的例子还远远不止这一个。遭到腐蚀的铜会覆盖上一层薄薄的绿色物质，这也就是为什么旧铜像往往泛绿。在绿色的铜锈出现之前，铜只有最外层受到腐蚀，看着只是变暗了些。银与硫化氢接触时会变黑，这也是一种腐蚀。

不过，被腐蚀的金属并不一定都会变色，也有可能只是失去光泽，出现腐蚀斑痕，还可能完全溶解在水中而不留一丝痕迹。不管是哪种情况，腐蚀都让金属制品变得越来越不好用了。

我来了！

"吝啬"的贵金属

完全不怕腐蚀的金属只有金、铂，以及与铂同族的稀有金属——钌、铑、铱等。它们是"贵金属中的贵金属"。哪怕是碰到强酸，这些金属也不愿把自己的电子交出去。

而银和铜尽管也属于贵金属，但在特定的条件下还是会被腐蚀。

餐桌上的"预报仪"

银具有碰到硫化氢就会变黑的性质，哪怕只有一点点硫化氢。这种性质可以用来预报火山喷发，因为喷发前几天，火山口会释放硫化氢等气体。这么稀薄的气体人是闻不到的，餐桌上的银器却绝不会忽略蛛丝马迹。看到银叉子变黑了（也有可能变粉，因为薄薄的一层硫化物呈浅粉色），人们就会明白火山即将喷发，从而获得疏散的时间。

不管别人怎么说，我们都是好搭档！

回家！变回矿石！

除上述金属之外，其他金属都会想方设法与某种物质发生化学反应。这个"某种物质"通常是空气中占五分之一的氧气。金属与氧化合便形成氧化物，与硫化合便形成硫化物。纯铜或青铜表面薄薄的绿色铜锈是碳酸盐，是铜与二氧化碳和水形成的化合物。不管怎样，金属似乎总有一种要变回矿物状态的倾向。

这其实没什么好奇怪的，因为前面已经说过，一切金属都具有易于交出电子的性质。它们会把电子交给更强大的原子：氧原子、硫原子，甚至是水分子中的氢原子。话说回来，某些金属却不受腐蚀或很难受到腐蚀，这反而是更值得奇怪的呢。

我们是三人组！

实验10 永别了，钉子！

现在我们来谈谈如何对付腐蚀。不过最好还是先仔细研究一下要对付的目标。怎么研究呢？当然是做实验了。

实验目的 研究会加速腐蚀的因素。

需要的物品

■ 四枚钢钉（可以是生锈的旧钉子，但要确保生锈程度相同）。

■ 一把处理金属的锉刀。

■ 一把平口钳或万能钳。

■ 一个有盖的玻璃罐。

■ 一些醋酸。

■ 一副防护手套，一副护目镜。

补充实验还需要

■ 一段铜丝。

■ 一些盐水。

■ 一些硫酸铜。

怎么做

用锉刀从钉子上磨下一些铁屑。将部分铁屑撒入盛有醋酸的玻璃罐里，观察发生的现象，注意铁屑溶解的各个阶段。也可以把整枚钉子投入酸液，但这就需要耐心等待了。

补充实验

1 将铜丝紧紧地缠在第二枚钉子上，然后把它放进酸液里。

科学不会忘记你的贡献！

酸

2 再取一部分铁屑撒入酸和盐的混合溶液中。

3 将第三份铁屑撒入盛有硫酸铜溶液的罐子里。

结果

过了一段时间（酸的浓度越高，温度越高，时间就越短），钉子上面的铁锈消失了，随后钉子本身也开始溶解，它的表面布满了腐蚀的斑痕，变得凹凸不平。溶液则被铁盐染成了橘红色或棕色。用铁屑做实验出结果要快得多——只需两三天就会完全溶解。

结论

1 酸（特别是高浓度的酸）会加速腐蚀。

2 罐中溶液的温度越高，金属就腐蚀得越快。

3 金属与腐蚀性介质的接触面越大（指撒入铁屑的情况），腐蚀速度就越快。

4 较不活泼（较不容易被腐蚀）的金属（铜）与较活泼的金属（铁）接触会加速后者的腐蚀（原因我们会在后文中解释）。

5 盐水会加速腐蚀（同样会在后文中解释）。

6 硫酸铜溶液中的铜离子会夺取铁的电子，形成金属铜。

从油漆到镀层

可是，到底要怎么保护金属呀？怎么才能延长它们的寿命？腐蚀的原因是金属与氧气、水或其他物质反应。既然如此，我们首先想到的就是把金属同这些物质隔绝开来。

人们就是用这种方法来储存钠、钾等碱金属的：把它们浸入煤油深处，避免接触到氧气和水。而锂的质地非常轻，轻得在煤油里都会浮起来，人们只好把它封在石蜡块里。

较不活泼的金属只要涂上油漆就行了——油漆层只要不损坏，就能有效地防止钢铁生锈。可惜油漆迟早都会剥落开裂，腐蚀就又开始了。油漆剥落比不涂油漆还糟糕：渗入小片油漆下方的水很难干掉，害得铁生锈更快了。

我们还可以用另一种金属来给金属制品"上漆"，也就是在较活泼的金属外面加一层较不活泼的金属或合金镀层。教堂的圆顶就是这样处理的：给白铁片镀上一层金，既耐用又美观。

但镀层也不是非用贵金属不可。乡间小屋里通常有镀锌的水桶、盆子之类的器具。这些物件里头是钢铁，外头是一层锌。锌在水里腐蚀得非常缓慢，只要不往里面倒酸，这种水桶就能用很长时间不坏。

然而，只要金层或锌层上破了一个小洞或被轻轻划了一道，腐蚀这个"破坏大王"又会开始作怪。更糟糕的是，较活泼的金属与较不活泼的金属接触时，腐蚀速度还会变得更快（在锌和铁这一对里，"受害"的一方是锌），这一点我们在前面已经见识过了。话说回来，我们还没讨论为什么会出现这种现象呢！

煤油　　油漆　　镀层　　不不不！

荷。负电荷会吸引离子，阻碍离子继续进入溶液。可是，如果电荷被不断地吸走，就没有能停住反应的"刹车"了！

同样是出于这个缘故，盐水也会加速腐蚀——盐的离子从金属制品上吸走电荷，金属便溶解得更快了。

吝啬害了骗子

我曾听中学化学老师讲过这样一个故事。一个让人眼红的暴发户想炫耀财力，便买了一艘游艇，并在钢铁的船身上镀了一层镍。镍是一种昂贵而美丽的金属，它比铁更不愿交出电子，因此不容易被腐蚀。镀镍是一种耗资巨大（所以头

"杀兄害弟"的金属

为什么较活泼的金属与较不活泼的金属接触便会加速腐蚀呢？其实你已经能够自己解释这个现象了。回忆一下伏打电堆的工作原理吧！用导线将铜和锌连接起来，"强"铜便会夺取"弱"锌的电子。"锌小弟"的原子失去电子而获得正电荷，变成离子进入溶液中。请别忘记：原子失去一个或多个电子，或获得"多余"的电子，就会成为离子。

如果锌（或者实验 10 中的铁）不与铜相连的话，离子进入溶液时就会将自己的电子"遗留"给其他的锌原子，在锌上产生微弱的负电

脑正常的人是不会想给游艇镀镍的）但能有效防止金属腐蚀的手段。不幸的是，这位富翁太吝啬了，他只给吃水线以上的部分船身镀了镍，吃水线以下的部分还是钢铁——反正水下也看不见嘛！

海上风平浪静时，腐蚀进行得还很慢。但只要起了一点浪花，盐水就会溅到吃水线上方，从镍层中带走多余的负电荷，船身的钢铁部分便开始迅速腐蚀，且腐蚀速度要比纯钢铁快得多。原因是镍比铁"强"，会吸走铁的电子，失去电子的铁原子变成离子进入溶液。船身变得破破烂烂，涌进了许多海水——最后游艇差点就开不回岸边了。

不锈钢

涂在金属表面的油漆容易开裂，不利于防止腐蚀。既然如此，我们能不能用"油漆"浸透金属，就像用防腐物质浸透木头一样呢？

答案是肯定的，不锈钢就是我们都很熟悉的一个例子。不锈钢其实不是单独的一种合金，而是由以铁和铬为基础的多种合金组成的。往一种金属中加入少量的另一种金属（合金化）有时能让前者的性质发生巨大的变化。铁加了铬会变得耐腐蚀，也就是所谓的"不锈"。并且不锈钢制品哪怕是被锯成两半、划出伤痕、打孔对穿，它的断面上也不会发生腐蚀。

化学工业中会用到比水和氧气腐蚀性强得多的物质，可相应加入各种合金成分的镍钼基合金（哈斯特洛伊耐盐酸合金）来防止被腐蚀。有时金属接触的不仅仅是酸，还是灼热的酸。即便如此，也有一种耐热的镍铬基合金（因科镍合金）能应付这种情况。在热酸里都不会溶解的金属？简直是奇迹！

呱！

硫酸

上述过程叫作**钝化处理**（金属变"钝"了），获得保护膜的金属就是发生了钝化反应的金属。早在很久以前，人们就知道了钢铁钝化的奥秘，并把钝化的钢叫作"蓝钢"（鸦钢），这是因为它表面的氧化膜泛着紫色、青蓝色、黑色等颜色的光泽，就像乌鸦的翅膀。今天，蓝钢主要用来制作装饰品和紧固件。见过五金店里卖的黑色自攻螺丝吗？那其实就是用蓝钢做成的。

蓝钢

钢同样可以加上稳定的保护膜，为此需要将它放进……硫酸？！但不是稀硫酸，而是浓硫酸，因为钢在稀硫酸里溶解得很快，而浓硫酸会让钢氧化，在其表面形成一层稳定的氧化物——这种氧化物不是疏松的铁锈，而是一层难以穿透的密实的保护膜。这种处理可以有效防止钢铁零件生锈。不过，你要是破坏了氧化膜，就只能悔不当初了。这层膜是无法自动修复的。

锡瘟

很不幸，我们要帮金属对付的敌人还不只是腐蚀。例如，锡就会患上一种致命的传染病，这种疾病就叫作"锡瘟"。

纯锡具有两种同素异形体，二者的区别在于原子排列方式不同。

液态锡凝固时形成的是白锡，是一种可塑性和可锻性都很强的金属。但白锡在 13 ℃以下就会开始变成灰锡，在极低的温度下（-33 ℃以下），这种转变只需短短几个小时就能完成。

糟糕的是，灰锡的体积约比白锡大四分之一（正如水结成冰后体积会变大），这种重组的结果便是金属膨胀开裂，化为灰色的粉末。

之一。预备用在回程上的煤油桶是锡焊的，锡碰到严寒就散了，煤油都流掉了，探险队就没有燃料可用了。

幸好冶金学家已经找到了治疗锡瘟的"灵丹妙药"，那就是铋——加一点点铋就能防止白锡变成灰锡。但是，如果你的小锡兵是用纯锡做成的，就要注意别让它们"感冒"了，千万别在冬天把它们拿到外面去呀！

如果白锡变灰锡的过程已经开始，这场病就无药可治了，哪怕把"生病"的锡送回温暖处也不行。不仅如此，"生病"的白锡接触到"健康"的白锡还会出现传染，就像在传播瘟疫一样：后者内部也会发生原子排列的重构。

锡瘟曾经毁掉过许多珍贵的锡制品，特别是古旧的小锡兵，这类藏品偶然进入严寒的环境中便坏掉了。锡瘟甚至还闹出过人命——它正是罗伯特·斯科特[1]在南极探险中遇难的元凶

---

1 罗伯特·斯科特，英国海军军官和极地探险家，曾于1901年—1904年、1910年—1913年先后带领"发现探险队""新地探险队"两支探险队前往南极地区，后不幸罹难。

铝为什么不会生锈?

如果家里有铝制的圆锅或平底锅,你就会发现它们非常耐用,哪怕是放在外头风吹雨打或不擦干就收回架子上,也能用上许多年都不坏。要是如此使用铁制器皿,它上面很快就会冒出一层铁锈。而铝却是一点都不受影响。

铝是不是也属于惰性金属呢?当然不是了。铝本身是一种极易发生反应的金属,把纯铝扔进水里,它就会发出"呲呲"和"咕嘟咕嘟"的响声并被水溶解。放到空气里,它几乎瞬间就会跟氧气反应。那么,为什么家里的铝锅不会被溶解呢?

原因在于,铝发生氧化又快又容易,这会在它的表面形成一层氧化物。氧化铝其实就是刚玉,是世界上最坚硬的物质之一。只要最外层的铝原子与氧结合并生成刚玉,铝的表面就会形成一层保护膜,能阻挡氧分子和水等物质继续深入。原本很"弱"的铝披上了一层结实的护甲。刚玉很难被划开,就算是被划开了,露出来的铝原子又会立刻跟氧气反应,缺口一下就获得了保护层。把铝坯切成两半,切口处会立刻形成保护层,用锉刀磨也是如此。这层氧化膜不管受到怎样的破坏都会立刻修复。

疏松的"护甲"

锌耐腐蚀也是由于氧化物保护层的作用——如前所见，锌本身是一种"孱弱"的金属，很容易交出电子。不锈钢不生锈也是出于这个缘故：它的表面会迅速形成氧化物"护甲"。

那么，为什么普通的钢就会生锈？铁锈怎么就不能防止深层被腐蚀呢？很遗憾，氧化铁疏松多孔，无法形成坚固的膜，氧气和水很容易渗到下面去。

吃铝的"妖怪"

铝有一个可怕的敌人，那就是汞。哪怕只是一小滴汞滴在铝制品上，也会在短短几小时内把它化为碎屑。因此，飞机（机身是用杜拉铝制成的）上是严禁运输汞的，普通的水银温度计也不行——万一打碎可不就糟了！汞对铝的危害这么大，全都是因为它会破坏铝表面的刚玉膜，并阻止新的氧化膜形成。

113

第七章
金属与生命

金属不仅仅是科技的基础，不管是细菌、植物还是人，各种生物离开金属都无法生存。我们的身体里有各种各样的金属元素，简直称得上是《绿野仙踪》里的铁皮樵夫了！

不对！你不能没有金属！

铁

说到人不可或缺的金属，你一定会立刻想到铁。红细胞是血液的主要组成部分，负责将氧气从肺输送到其他器官和组织，而铁正是红细胞的重要成分。

不过，如果允许铁在身体里"自由行动"，它就会让人中毒。因此，细胞把这种珍贵的元素储存在一种由 24 个蛋白质分子组成的"包裹"里。这种"包裹"叫作铁蛋白，每个铁蛋白分子能容纳多达 4 000 个铁原子。

一个成年人体内只有 3—4 克铁，每人每天需要从食物中摄入 10—18 毫克铁。这个数量可谓微不足道，但没了它人就活不下去。铁含量最丰富的食物是肉类、动物肝脏和蛋，相对比较丰富的还有大豆、荞麦、南瓜子和欧芹。

人体里的金属

看到这个标题，你可能会以为是指金属假体。患病的骨头和关节可以换成用钛、镍铬钒合金或其他耐腐蚀的合金制成的假骨头或假关节。但能用到假体的场合其实非常少，而我们要谈的是每个人都不可或缺的金属。

当然了，我们体内的金属并非以纯净的金属形态存在，而是与其他原子结合，或以离子形式游离在溶液之中。

钙

　　钙的摄入需求就不是十几毫克了，而是好几克。它是组成骨骼的基本元素之一（另一种是磷，但磷不是金属）。除了骨骼和牙齿之外，神经系统也需要钙。钙能将神经发出的指令传给肌肉，让肌肉收缩。假如没有了钙，我们就动弹不得。神经冲动在神经细胞之间传递也要靠钙的参与，所以没了钙连思考都无法进行。钙还有一项重要的"工作"是促进凝血，要是血钙含量不足，哪怕是一点小伤都很难愈合。

　　为了满足身体对这种重要元素的需求，我们就得食用或饮用大量的乳制品——这是钙的主要来源。摄入维生素 D 也很重要——它能促进肠道中钙的吸收。维生素 D 可以从食物中获取，它在鱼油、鱼子和鸡油菌中的含量特别丰富；也可以靠晒太阳补充维生素 D，因为皮肤在阳光下能自己合成维生素 D。但也要注意别长时间晒日光浴，因为日光灼伤的害处是非常大的。

钠和钾

对身体同样重要的金属还有钠和钾。钠离子和钾离子参与神经冲动的传导。心脏对缺钾特别敏感——缺钾会削弱心肌纤维传导神经冲动的能力，心脏跳动就变得不规律了。但过量的钾同样会干扰心脏工作！

缺钠对我们来说倒不是什么问题，恰恰相反，主要问题是钠太多了：普通的食盐正是钠和氯的化合物——氯化钠，因此我们每天都会从食盐中摄入大量的钠。缺钾的情况偶尔会有。为了避免缺钾，就要多吃蔬菜水果、肉类、奶制品和鱼，总之就是确保饮食全面均衡。

杏脯含有大量的钾，因此医生经常推荐心脏病患者"服用"这种美味的"药"。

镁

镁的作用也很大。它的主要功能是促进人体内的其他物质完成复杂的反应并变成分子。镁的主要来源是绿色蔬菜，这是因为植物中的绿色物质——吸收太阳能的叶绿素中就含有镁。可见要是没有了镁，植物就无法进行光合作用，所有生物都会被饿死。

大热天应该喝什么？

设想你准备出门远足。这一路可不好走：要背着重重的背包翻山越岭，据说天气还会很热。为此必须带足水，补充路上消耗掉的水分。但带什么水呢？

粗略一想，喝盐水会让人口渴得更厉害，那么应该带淡水比较好吧！但事实并非如此：人大量流汗时还是喝矿泉水为好。原因是随着汗水一起排出身体的不仅有水，还有盐呢！钠、钾、钙……都是一些细胞（特别是神经细胞）的生命活动必不可少的金属元素。

如果没有足够的钾，冒着烈日长途跋涉就会让人腿抽筋。缺钾和缺钙会导致神经和肌肉运作不规律。出门远足之前，请务必把这些情况牢记在心。

119

微量元素

前面谈到的都是常量元素，也就是身体需求量很大的元素，每天都得摄入几克或几百毫克才行。

此外还有一些微量元素——人体对它们的需求量微乎其微，但没有它们人就无法生存。我们的身体需要铜、锰、锌、钒、钼，甚至是银。幸好微量元素通常不会匮乏：我们平时吃的食物和喝的水里就含有足够的微量元素了。

带到表层海水，但在开放的海域里，生命是非常稀少的。

学者们推测，大海和陆地上的田野一样可以施肥。例如，我们可以把船开到开阔的海域，将海藻缺乏的铁盐或其他元素的矿物质撒在海面上，海藻便会开始迅速生长。海藻多了，虾也就多了，吃小虾的鱼也跟着多了。

目前这种技术还在研发中，但或许终有一天，人们不再只是随心所欲地向大海索取，而是真正学会照顾生病的海洋"菜园"。

给大海施肥

你喜欢吃海鱼吗？虾和海带呢？其实，大海最重要的馈赠并非美味的鱼虾，而是海藻。海藻能释放大量氧气，养活数不清的鱼、虾、鲸、海鸟等动物。

遗憾的是，尽管有海藻的努力，海洋生态系统的生产力通常也不高。这是因为海藻只能朝着有光的上方生长，海藻需要的矿物质（包括各种金属盐）则是往下沉积到海底。在大陆和海岭附近，海流冲到斜坡就会往上流，把盐

嘿嘿!

遏蓝菜还能协助清理被镉污染的土壤。镉是一种毒性极强的元素，镉含量高的土壤既不能种田，也不能放牧。但我们可以在上面播种遏蓝菜，收割晒干后再焚烧殆尽，经过几轮清理，土壤中就没有危险的化学物质了。

豆科植物（特别是黄芪）专门收集**锶**元素，还有一种十字花科植物叫作拟南芥，它对锶更是十分偏爱。我们同样可以种这些植物清理土壤中的锶。为什么要清理锶呢？请看第123页的说明！

说不清道不明的爱

有些生物会在体内积聚金属，积聚的数量简直叫人难以置信。

前面已经介绍过，海鞘会努力地从水中提取钒。有一种叫遏蓝菜的杂草特别喜爱锌和镉。如果一个地方生长着大量遏蓝菜，就说明地下可能埋藏着这两种元素。顺带一提，锌和镉往往"结伴而生"——镉是锌矿中很常见的一种杂质。

我们也有感情！

更多的有毒金属

重金属

　　许多金属及其化合物具有极强的毒性，例如汞、**铊**和铅。这些金属还有一种很糟糕的性质——它们会在生物体内积聚，很难被排出体外。因此，如果人经常摄入少量的有毒金属，虽说这个剂量本身不足为害，但积累到最后还是可能达到危险的浓度。

　　许多重金属（如铅和汞）会作用于神经系统，低浓度下会引发头脑迟钝等一系列症状，高浓度下则可能在短短几天内置人于死地。锑会在甲状腺积累，损害甲状腺。**钡**中毒会导致心脏骤停。即使是人体需要的金属，比如说铜和银，摄入过多同样有危险。因此，这些金属在饮用水和食品中的含量是受到严格监控的。

锶！你的钙兄弟在哪里？

为什么说锶也危险呢？莫非它会影响某个器官的运作？令人惊奇的是，锶本身一点都不危险。不仅如此，医生有时还会推荐服用锶来治疗骨质疏松症呢。骨质疏松是一种常见的老年病，原因是骨骼里的钙流失了，骨骼就变得脆弱了。锶的化学性质与钙非常相似，可以说是钙的"化学兄弟"。由于这种相似性，锶离子很容易取代钙参与骨骼的组成。

尽管如此，锶和钙毕竟不是同一种元素。钙很容易从骨骼进入血液，也很容易从血液进入骨骼。而锶进入骨骼组织后就会长时间留在那里。这对骨质疏松的人倒是不错，但请你设想一下：万一进入身体的是锶的放射性同位素……这种情况怎么会发生呢？其实并非不可能。核电站的反应堆中就有大量的放射性锶。万一发生事故，这些锶就会进入周围的环境。

放射性元素自然不是什么好东西，但其中很多种都会被人体迅速排出，而锶的放射性同位素却会在骨骼里"定居"许多年，旁边就是造血器官——骨髓。这样一来，锶取代钙进入骨骼的能力就变得非常危险了。

123

路旁的蘑菇

你肯定知道，生长在公路旁的蘑菇是采不得、吃不得的，因为蘑菇很容易积聚重金属，特别是铅——它们是非常狂热的"收藏家"。蘑菇获取营养的方式是通过菌丝体的整个表面尽可能多地吸收有机物和矿物质。可是，为什么公路附近会有很多铅呢？

原因是以前的汽油中含有铅的一种化合物，叫作四乙基铅。四乙基铅能防止油气混合物发生爆震，减少对发动机的伤害。这对汽车固然是好的，但对住在路旁的人就不好了——铅随着尾气一起排出，沉降在土壤里。这种添加剂直到 20 世纪 90 年代初才被取消，如今已经禁止在汽油中添加含铅化合物，但已经进入土壤的铅很难清除。

根墙

总之，生长在路旁或被重金属污染的土壤上的蘑菇都充满了毒素。那么，生长在这些蘑菇旁边的植物能不能吃呢？要是母牛吃了这些植物，它产的牛奶也会带毒吗？

植物的情况更加复杂。它们不像蘑菇那样，碰到什么就吸收什么。植物的根部有一道防御重金属的"根墙"，其实就是根的外皮，金属会在那里积聚而不进入植物体内。万一土壤里的重金属太多了，它们还是能"冲破"这道防护墙的，但这一点很容易辨认，用肉眼就能看出来——中毒的植物会长得很丑。

胡萝卜、甜菜和白萝卜等根菜是肯定不适合种在路边的，因为重金属积聚的部位正是植物的根。但那些食用部分位于地上的植物，例如小麦和菜豆，在这方面就不那么危险了。只需好好清洗几遍，冲掉沾染的重金属尘埃，就可以放心食用了。如果草场的重金属污染不太严重，放牧在那里的母牛的奶也是可以喝的——铅不会落到草叶上，也就不会进入牛奶。

亦敌亦友：能解毒的金属

与有毒金属相反，有些金属能帮忙解毒。例如，有一种叫作普鲁士蓝的铁盐，它能让铊和放射性铯从人体中排出。硫酸钡也是一种解毒药。没错，就是那种会导致心脏停搏的钡。这并不是以毒攻毒，而是因为硫酸钡完全不溶于水和盐酸，无法被血液吸收，反而能收集胃肠里的毒物带出体外。硫酸钡在 X 光片上清晰可见，所以在医学上也用作研究胃肠道的造影剂。

这样看来，钡既可以是朋友，又可以是敌人，它的"立场"完全取决于你是否了解金属及其化合物的性质。

门捷列夫的

准金属

非金属
其他非金属
卤族元素
稀有气体

金属
碱金属
碱土金属
镧系元素
锕系元素
过渡金属
后过渡金属

1 H 氢								
3 Li 锂	4 Be 铍							
11 Na 钠	12 Mg 镁							
19 K 钾	20 Ca 钙	21 Sc 钪	22 Ti 钛	23 V 钒	24 Cr 铬	25 Mn 锰	26 Fe 铁	27 Co 钴
37 Rb 铷	38 Sr 锶	39 Y 钇	40 Zr 锆	41 Nb 铌	42 Mo 钼	43 Tc 锝	44 Ru 钌	45 Rh 铑
55 Cs 铯	56 Ba 钡	57-71 La-Lu 镧系	72 Hf 铪	73 Ta 钽	74 W 钨	75 Re 铼	76 Os 锇	77 Ir 铱
87 Fr 钫	88 Ra 镭	89-103 Ac-Lr 锕系	104 Rf 铲	105 Db 𬭸	106 Sg 𬭳	107 Bh 𬭛	108 Hs 𬭶	109 Mt 䥑

58 Ce 铈	59 Pr 镨	60 Nd 钕	61 Pm 钷	62 Sm 钐
90 Th 钍	91 Pa 镤	92 U 铀	93 Np 镎	94 Pu 钚

元素周期表

						2 **He** 氦
5 **B** 硼	6 **C** 碳	7 **N** 氮	8 **O** 氧	9 **F** 氟	10 **Ne** 氖
13 **Al** 铝	14 **Si** 硅	15 **P** 磷	16 **S** 硫	17 **Cl** 氯	18 **Ar** 氩

28 **Ni** 镍	29 **Cu** 铜	30 **Zn** 锌	31 **Ga** 镓	32 **Ge** 锗	33 **As** 砷	34 **Se** 硒	35 **Br** 溴	36 **Kr** 氪
46 **Pd** 钯	47 **Ag** 银	48 **Cd** 镉	49 **In** 铟	50 **Sn** 锡	51 **Sb** 锑	52 **Te** 碲	53 **I** 碘	54 **Xe** 氙
78 **Pt** 铂	79 **Au** 金	80 **Hg** 汞	81 **Tl** 铊	82 **Pb** 铅	83 **Bi** 铋	84 **Po** 钋	85 **At** 砹	86 **Rn** 氡
110 **Ds** 鿏	111 **Rg** 铹	112 **Cn** 鿔	113 **Nh** 钦	114 **Fl** 铁	115 **Mc** 镆	116 **Lv** 拉	117 **Ts** 础	118 **Og** 氮

63 **Eu** 销	64 **Gd** 钆	65 **Tb** 铽	66 **Dy** 镝	67 **Ho** 钬	68 **Er** 铒	69 **Tm** 铥	70 **Yb** 镱	71 **Lu** 镥
95 **Am** 镅	96 **Cm** 锔	97 **Bk** 锫	98 **Cf** 锎	99 **Es** 锿	100 **Fm** 镄	101 **Md** 钔	102 **No** 锘	103 **Lr** 铹

结语

　　金属不仅让我们的生活变得更方便，更是我们人类和地球（地核主要由镍和铁组成）必不可少的物质。但金属也可能带来危险——就连采蘑菇时都要时刻把这一点记在心里。

　　这本小书自然不可能详细介绍所有金属和它们的性质。但有一点是很清楚的：现代人不能没有金属知识。金属最大的好处是能让我们保持好奇，多多思考，多多学习！

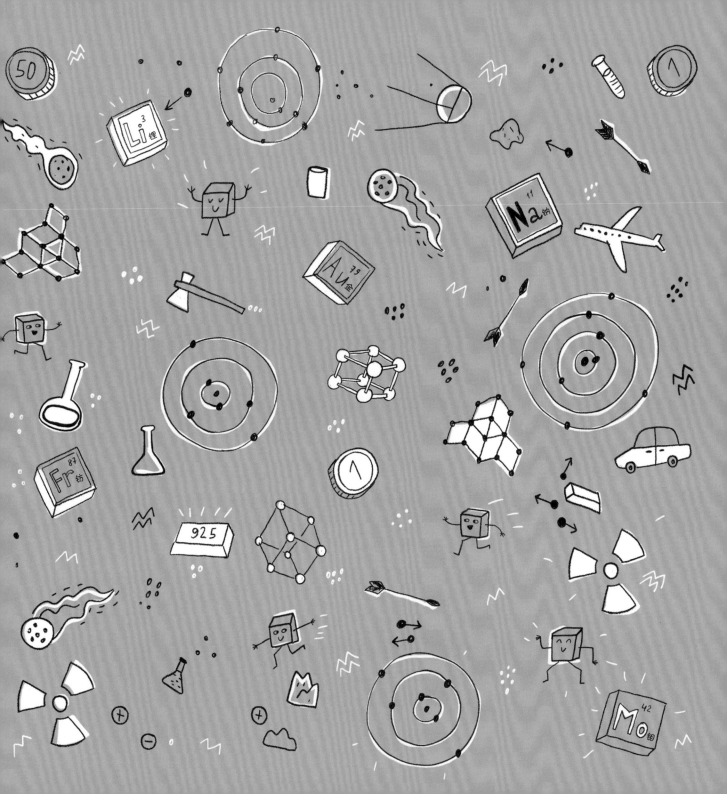